Ahmad Sadek
Hassan Mostafa
Amin Nassar

Rádio definido por software usando reconfiguração parcial dinâmica

Ahmad Sadek
Hassan Mostafa
Amin Nassar

Rádio definido por software usando reconfiguração parcial dinâmica

Sistema sem fios reconfigurável em tempo de execução

ScienciaScripts

Imprint

Cover image: www.ingimage.com

This book is a translation from the original published under ISBN 978-620-2-01456-4.

Publisher:
Sciencia Scripts
is a trademark of
Dodo Books Indian Ocean Ltd. and OmniScriptum S.R.L publishing group

120 High Road, East Finchley, London, N2 9ED, United Kingdom
Str. Armeneasca 28/1, office 1, Chisinau MD-2012, Republic of Moldova, Europe
Printed at: see last page
ISBN: 978-620-7-69200-2

Índice

Agradecimentos

Alhamdulillah, todos os louvores e gratidão a Alá, o Todo-Poderoso, por todas as suas bênçãos e por me ter dado força e saúde para concluir este trabalho. Gostaria de agradecer aos meus conselheiros académicos, Prof. Amin Nassar e Dr. Hassan Mustafa, por me terem supervisionado e encorajado durante o meu trabalho. Serag El-Din Habib por me ter fornecido o kit Xilinx para a implementação e teste do hardware. Gostaria de agradecer a Ahmed Atteya, Sharad Sinha e Hasan Baig pelo seu tempo e longo apoio na transferência de conhecimentos para mim.

Dedicação

À minha mãe (Wafaa), ao meu pai (Mohamed), à minha mulher (Hoda), aos meus filhos (Abd ALLAH, Hamza), à minha família (Nehal, Nisma, Mohamed) e aos meus sobrinhos (Lojain, Jana, Malek, Maryem, Malika) que me apoiaram na realização deste trabalho.

Lista de Nomenclatura

Abbreviation	Description
2G	Second Mobile Generation.
3G	Third Mobile Generation.
3GPP	3rd Generation Partnership Project.
ADC	Analog to Digital Converter.
ASIC	Application Specific Integrated Circuit.
CF	Compact Flash.
CMOS	Complementary Metal Oxide Semiconductor.
CR	Cognitive Radio.
DAC	Digital to Analog Converter.
DPR	Dynamic Partial Reconfiguration.
EDK	Embedded Development Kit.
FEC	Forward Error Correction.
FPGA	Field Programming Gate Array.
GCSM	General Communication System Module.
GEM	General Encoder Module.
GSM	Global System for Mobile communications.
ICAP	Internal Configuration Access Port.
IEEE	Institute of Electrical and Electronic Engineers.
ISE	Integrated Synthesis Environment.
JTAG	Joint Test Action Group.
LTE	Long Term Evolution.
LUT	Look Up Table.
OFDM	Orthogonal Frequency Division Multiplexing .
PBS	Partial Bit Stream.
PLB	Programmable Logic Block.
PRM	Partially Reconfigurable Modules.

PRR	Partial Reconfigurable Region.
SDK	Software Development Kit.
SDR	Software Defined Radio.
SLEM	Single Loaded Encoder Module.
SLM	Single Loaded Module.
SoC	System on Chip.
SRAM	Static Random Access Memory.
UMTS	Universal Mobile Telecommunications System.
WCDMA	Wideband Code Division Multiple Access.
XPA	Xilinx Power Analyzer.
XPS	Xilinx Platform Studio.
XST	Xilinx Synthesis Technology.

Resumo

O Rádio Definido por Software (SDR) é um sistema de comunicação concebido com a sua camada física que pode ser implementada como blocos de software. Ao contrário dos transceptores de rádio normais, onde os blocos de comunicação são construídos num ambiente fixo e com desempenho optimizado para processar determinada forma de onda. Os blocos de software SDR podem ser facilmente configurados e tolerados usando software para processar muitas formas de onda. À medida que a flexibilidade na reconfiguração do front-end digital aumenta, isso permite que a SDR seja alcançável. O mesmo conjunto de hardware pode funcionar com sistemas de comunicação multipadrão (MSCS). As vantagens da SDR aumentam quando a reconfiguração do hardware é flexível para efetuar uma reconfiguração dinâmica e em tempo real. Por outras palavras, a flexibilidade do hardware permite que o sistema dinâmico SDR implemente diferentes formas de onda e se realize em tempo real sem necessidade de desligar o sistema. O conceito de reconfiguração do hardware existe há décadas e passou por muitas fases. O Field Programmable Gate Array (FPGA) é considerado uma das melhores soluções para a implementação de hardware reconfigurável. Neste trabalho, a nova técnica FPGA, Reconfiguração Parcial Dinâmica (DPR), é utilizada num novo projeto para permitir uma comutação de hardware entre diferentes normas de comunicação sem fios. A utilização da DPR no SDR combina o desempenho do hardware e a flexibilidade do software para efetuar o SDR.

Neste trabalho, o SDR utilizando DPR é apresentado em duas partes. A primeira parte serve como uma prova de conceito para a comutação entre diferentes codificadores convolucionais utilizados em diferentes padrões de comunicação e diferentes modos de operação por cada padrão. São adoptados conceitos de sistemas incorporados e de sistemas em chip (SoC) para efetuar a comutação dinâmica e em tempo real. Nesta parte é verificado o conceito de DPR, onde os codificadores convolucionais utilizados em diferentes modos de funcionamento de 2G, 3G, LTE e WIFI são realizados e testados de duas formas diferentes. A primeira implementação consiste em realizar os codificadores completos no mesmo chip em simultâneo, designada por conceção do módulo codificador geral (GEM). Na segunda implementação, é efectuada uma comutação através da adoção dos conceitos SoC e da técnica FPGA DPR, designada por conceção Single Loaded Encoder Module (SLEM). Na conceção SLEM, apenas um codificador é carregado de cada vez que é utilizado. Uma comparação entre as duas concepções mostra uma melhoria de 67% no tamanho e de 64% na potência com a utilização da técnica DPR na implementação SLEM em comparação com a implementação GEM. Pelo contrário, a implementação SLEM requer uma latência negligenciável e um pequeno tamanho de memória adicional.

Na segunda parte do livro, o conceito de DPR é verificado para SDR através da implementação de uma cadeia preliminar que é utilizada no transmissor de diferentes normas de comunicação sem fios, tais como 3G, LTE e WIFI. É efectuada uma reconfiguração em tempo real dos blocos de comunicação digital para estas normas utilizando a técnica DPR na FPGA. A reconfiguração é efectuada e testada entre diferentes modos de funcionamento para 3G, LTE e WIFI, e mostra como os blocos de hardware podem ser completamente alterados carregando os diferentes módulos a pedido do funcionamento de uma norma específica. É efectuada uma comparação com um sistema de comunicação estático que consiste num único modo de funcionamento por cada norma.

Em conclusão, o conceito de módulo de carga única (SLM), utilizando o DPR para o sistema reconfigurável SDR, permite uma conceção compacta do sistema para os recursos limitados de hardware e prolonga a vida útil da bateria na atualização contínua e na variedade de normas de comunicação. Isto também amplia a otimização dos recursos da rede de rádio utilizando o SDR. Este trabalho foi implementado e testado no kit Xilinx Virtex 5 XUPV5-LX110T.

Capítulo 1

Introdução

Este capítulo apresenta a ideia de Rádio Definido por Software (SDR) e fornece uma visão geral dos blocos do sistema de comunicação. Também discute a escolha da FPGA no sistema SDR e como a FPGA é adoptada utilizando a técnica de Reconfiguração Parcial Dinâmica (DPR) na realização do sistema SDR. No final deste capítulo, é apresentada a organização do trabalho.

1.1 Motivação

Nas últimas duas décadas, têm sido envidados esforços, tanto no domínio tecnológico como no industrial, para aumentar a conetividade entre as pessoas. As normas de comunicação estão a ser desenvolvidas e melhoradas para satisfazer a velocidade e o tempo de conetividade entre os utilizadores, cujo número está a aumentar com o tempo. Consequentemente, isto leva à existência de diferentes normas de comunicação, mas como desvantagem, o espetro de radiofrequências não é utilizado de forma eficiente [1, 2], não sendo as bandas de comunicação utilizadas simultaneamente. A investigação na utilização do espetro radioelétrico conduz a duas abordagens para resolver este problema, a primeira abordagem é a Antena Inteligente (AI) que é uma tecnologia de matriz de antenas que utiliza algoritmos de formação de feixes espaciais e de processamento de sinal para cancelar interferências e reutilizar os recursos espaciais [3]. A IA depende da técnica DPC (Dirty Paper Coding). A segunda abordagem é a Rádio Cognitiva (RC), que configura dinamicamente os terminais dos utilizadores para utilizar o espetro de rádio que não está a ser utilizado, em função dos canais sem fios disponíveis detectados, sem interferir com os outros utilizadores. Por outras palavras, a RC é considerada uma forma de gerir o espetro radioelétrico de forma eficiente e pode ser desenvolvida utilizando a técnica SDR [4, 5].

De um modo geral, num sistema de comunicação multipadrão (MSCS) existem dois grandes problemas: a utilização do espetro radioelétrico referido no parágrafo anterior e a utilização do hardware. Uma vez que cada norma tem o seu próprio emissor-recetor, isto conduz a um custo elevado, a uma grande área, a um elevado consumo de energia e a uma baixa duração da bateria. Ao mesmo tempo, o desenvolvimento das estações de base centrais e dos dispositivos dos utilizadores sofre grandes alterações para se adaptar às novas tecnologias e suportar as antigas. O desenvolvimento de hardware, a atualização e a redistribuição custam dinheiro e esforço. Estes dois grandes problemas, o espetro radioelétrico não utilizado e o desperdício de hardware, levaram a que se começasse a procurar uma nova forma de reutilizar

(reconfiguração) do mesmo conjunto de hardware para operar as antigas e as novas tecnologias. A utilização dos recursos de rádio e dos recursos físicos de hardware pode ser feita descarregando os dados transmitidos entre os diferentes sistemas de comunicação e, ao mesmo tempo, reconfigurando os recursos de hardware ou reordenando-os para passar de uma norma para outra.

O SDR é um modo de implementação de um sistema de rádio que utiliza software, que é utilizado para formar diferentes formas de onda. Estas formas de onda permitem ao sistema alternar entre diferentes padrões de comunicação. A motivação do SDR surgiu da existência de alguns blocos da camada física que têm a mesma funcionalidade nos diferentes sistemas de comunicação como (GSM, UMTS, LTE, etc...). Note-se que estas normas não são utilizadas ao mesmo tempo, o que permite que os recursos de hardware e de espetro radioelétrico sejam utilizados de forma mais eficiente. Além disso, a comutação entre as diferentes formas de onda deve ser dinâmica, mais ou menos em tempo real. O DPR é uma técnica utilizada no Field Programmable Gate Array (FPGA), que permite um sistema de computação reconfigurável em tempo real por hardware. O DPR pode ser adotado utilizando a sua capacidade de mudar dinamicamente e de ser parcialmente configurado, para implementar um sistema SDR em tempo real.

1.2 Sistema de comunicação

A figura 1.1 mostra os principais blocos de um sistema de comunicação moderno. É composto por uma unidade de processamento digital de sinais (DSP), conversores digitais e analógicos (conversor digital-analógico (DAC), conversor analógico-digital (ADC)), front-end de RF e antena. Devido à obtenção de taxas de dados elevadas através do processamento digital do sinal de comunicação utilizando software, que é mais fácil de desenvolver, distribuir e atualizar, os emissores-receptores digitais penetram nos emissores-receptores analógicos tradicionais, empurrando os conversores digitais e analógicos para a antena e puxando os sistemas de comunicação mais para a conceção de software num determinado hardware. No entanto, este trabalho concentrar-se-á no bloco DSP, sendo apresentada a seguir uma breve descrição de cada bloco:

Bloco de Processamento Digital de Sinais: No transmissor, este bloco é responsável pela adaptação do sinal a ser enviado através de um canal. A adaptação do sinal inclui a codificação, os esquemas de codificação de correção de erros, a modulação e muito mais. No recetor, este bloco é responsável pela extração da informação original enviada, reconstruindo o sinal através da desmodulação, descodificação e descodificação. Este bloco aumenta a flexibilidade do desenvolvimento do rádio.

Blocos DAC/ADC: Conversores analógicos e digitais utilizados para transferir o sinal entre o domínio analógico e o domínio digital. Utilizando o ADC, o sinal recebido está a ser digitalizado para ser processado digitalmente utilizando o bloco DSP. A representação digital depende da taxa de amostragem, o que leva a alguma perda de informação. Enquanto o DAC está a reconstruir o sinal para quase o original.

Bloco de front-end de RF: É o bloco clássico que contém o Amplificador de Baixo Ruído (LNA), filtros e Amplificadores de Potência (PA). Este bloco é o mais difícil no desenvolvimento do SDR.

Antena: geralmente, a antena é um dispositivo passivo utilizado para captar as ondas electromagnéticas do meio circundante e convertê-las num sinal elétrico. A complexidade da conceção da antena varia de uma única antena a múltiplos conjuntos de antenas. A antena inteligente é um conjunto de antenas que utiliza os algoritmos de processamento de sinais para localizar a direção de chegada do sinal. E a antena reconfigurável é capaz de alterar a sua frequência para sistemas adaptáveis.

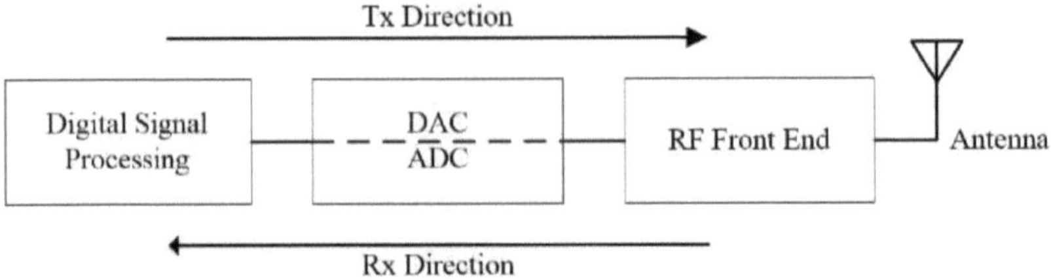

Figura 1.1: Sistema de comunicação simples

1.3 Rádio definido por software (SDR)

A utilização diária dos padrões de comunicação está a aumentar. As chamadas telefónicas, o acesso à Internet, a partilha de dados e o controlo de dispositivos são exemplos da utilização moderna das comunicações. Os dispositivos que contêm estas normas variam em termos de forma, funcionalidade e modo de utilização, como telemóveis, routers sem fios, chips inteligentes, contadores inteligentes e muito mais. Embora não seja fácil inventar um dispositivo genérico que possa fazer tudo, é possível gerir a forma de comunicação entre todos eles. Para isso, é necessário encontrar um dispositivo de comunicação adaptável que comunique a linguagem (norma de comunicação) do outro dispositivo. Esta adaptação é mais fácil de efetuar através de módulos definidos por software, em que estes módulos podem mudar de funcionalidade utilizando o software. O termo SDR é definido pelo fórum de inovação sem fios (antigo fórum SDR) como "rádio em que algumas ou todas as funções da camada física são definidas por software". A camada física é a camada mais baixa do modelo de sete camadas Open Systems Interconnection (OSI) apresentado na Tabela 1.1. Nesta camada, estão a ser processados sinais de radiofrequência (RF), de frequência intermédia (IF) ou de banda de base, para além de técnicas de codificação/descodificação de dados, modulação/desmodulação e adaptação de sinais.

Tabela 1.1: Modelo OSI

Camada	Número	Nome	Funcionalidade	Tipo de dados
Anfitrião	7	Aplicação	Interface máquina-utilizador	Dados
	6	Apresentação	Encriptação e compressão	Dados
	5	Sessão	Autenticação e permissões	Dados
	4	Transporte	Controlo de erros e ligações extremo-a-extremo	Segmento
Media	3	Rede	Encaminhamento e endereçamento lógico	Pacote
	2	Ligação de dados	Deteção de erros e endereçamento físico	Moldura
	1	Físico	Meio físico e processamento de sinais	Fluxo de bits

1.3.1 Termos utilizados com DSE

Transceptores digitais: São transceptores onde o DAC e o ADC são acoplados à antena, permitindo que toda a banda base seja processada digitalmente. O SDR encontra seu caminho acompanhando o transcetor digital, para facilmente processar o sinal através de blocos digitais em módulos de software que são fáceis de serem desenvolvidos e atualizados. A figura simplifica o diagrama de blocos ideal dos transceptores digitais.

Rádio Cognitivo: Tem-se verificado que o espetro radioelétrico não é utilizado de forma eficiente. A maior parte das normas de comunicação existentes atualmente não são utilizadas ao mesmo tempo, com uma distribuição de utilização diferente ao longo do tempo. Os sistemas de comunicação têm de ser desenvolvidos para estarem mais conscientes do seu ambiente e do ambiente do canal. A partir daqui, a definição de rádio cognitivo é o rádio que se pode adaptar ao ambiente circundante e tomar medidas para funcionar com o melhor desempenho. O SDR é utilizado pelo CR para gerir o espetro radioelétrico.

Forma de onda: A informação que é enviada a partir de um terminal de origem tem de ser adoptada para chegar ao destino com menos erros, tendo em conta todas as fontes de ruído existentes devido às condições do meio. A forma de onda é um conjunto de transformações aplicadas à informação na origem para ser enviada e no destino para ser recuperada. A figura 1.2 mostra um transcetor SDR ideal. Um controlador é utilizado para carregar uma forma de onda a partir de n formas de onda guardadas na memória.

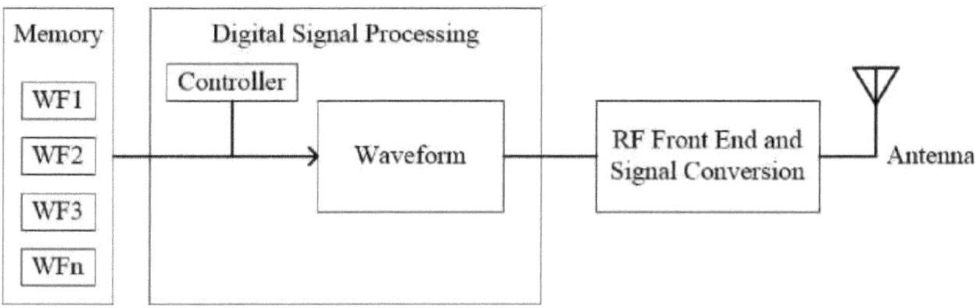

Figura 1.2: Sistema SDR ideal

1.3.2 Benefícios e custos do DSE

Existem muitas vantagens na utilização de SDR, que podem ser utilizadas em diferentes sectores e aplicações, enumerando-se aqui algumas dessas vantagens:

Conectividade sem falhas: A utilização de SDR permite que os sistemas de comunicação comuniquem com diferentes normas.

Adaptabilidade: Os sistemas de comunicação podem ser adaptados ao espetro radioelétrico disponível e à reutilização de frequências, o que ajuda a otimizar os recursos radioeléctricos do CR.

Possibilidade de atualização: Sendo definidos por software, os módulos de comunicação podem ser facilmente actualizados e melhorados para permitir novas normas tecnológicas e modos de funcionamento.

Sem custos: O SDR opera diferentes formas de onda utilizando os mesmos recursos de hardware.

Reutilização: Os módulos de software implementados para uma determinada norma de um produto podem ser utilizados com outro produto. Isto diminui o tempo e o esforço para construir os mesmos módulos noutros dispositivos.

Atualização remota: Os módulos podem ser carregados e actualizados remotamente sem necessidade de regressar ao laboratório.

A flexibilidade do SDR tem algumas desvantagens que não estão relacionadas com a ideia em si, mas sim com a complexidade da conceção. É preciso muito tempo e esforço dos engenheiros para desenvolver diferentes formas de onda que possam ser adoptadas com o mesmo conjunto de hardware.

1.3.3 Plataformas SDR

A parte de processamento de sinais digitais apresentada na Figura 1.2 pode ser efectuada em diferentes plataformas de hardware, como o processador de uso geral (GPP), os processadores de sinais digitais (DSP) e a matriz de portas programáveis em campo (FPGA). O GPP é um microprocessador optimizado para uma computação potente mas que consome mais energia, pelo que pode ser utilizado em laboratórios para fins de investigação. O DSP é um microprocessador que consome menos energia do que o GPP, mas o seu desenvolvimento é mais difícil do que o GPP, sendo utilizado na maior parte dos terminais celulares e das estações de base. O FPGA é um microchip que pode ser configurado pelo utilizador para um determinado fim, o que o torna a melhor solução para a implementação de blocos de hardware sem portas lógicas não utilizadas, ou seja, um multiplicador de 8 bits pode ser implementado no FPGA enquanto no GPP será utilizado um multiplicador de 32 bits para os mesmos dados de 8 bits. Os FPGAs modernos têm um consumo de energia mais baixo e podem suportar transceptores de até 28 Gbps. Também é utilizada em muitos produtos SDR que lidam com sinais de rádio com largura de banda até 50 MHz.

1.4 Reconfiguração parcial dinâmica (DPR) de FPGA

Uma das capacidades da FPGA que foi desenvolvida na última década é o DPR. Esta técnica permite que a FPGA seja configurada parcial e dinamicamente sem desligar o sistema. Esta elevada flexibilidade da FPGA permite-lhe ser utilizada na realização de hardware para a implementação de SDR. O DPR ajuda a reduzir os custos e os recursos do chip FPGA, proporcionando uma flexibilidade em que um sistema pode ser configurado dinamicamente sem ser desligado. Além disso, esta reconfiguração é efectuada numa parte específica, em vez da reconfiguração de todo o chip. A Figura 1.3 ilustra uma ideia simples da técnica DPR utilizada nos FPGAs modernos. A Figura 1.3.a mostra a configuração completa da FPGA em que uma aplicação consome mais área. A Figura 1.3.b mostra que o tamanho da aplicação pode ser reduzido utilizando a técnica DPR. Ou seja, se esta aplicação tiver blocos diferentes que não são utilizados ao mesmo tempo, estes módulos podem ser multiplexados no tempo. Cada módulo pode ser carregado para funcionar durante um determinado período de tempo e depois carregar outro módulo. A figura 1.3.c mostra

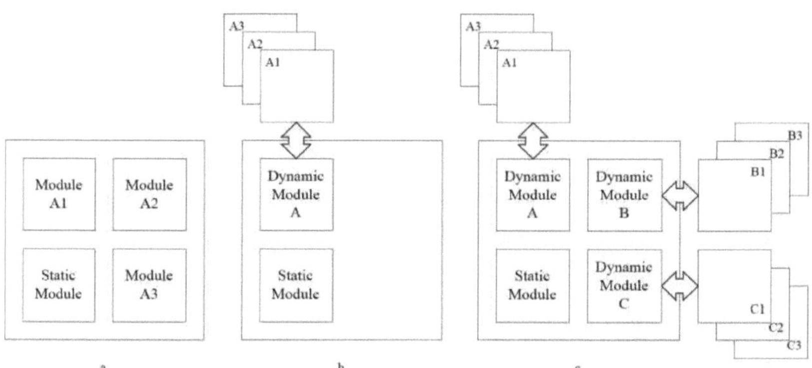

Figura 1.3: (a) Mostra a configuração completa da FPGA; (b) Técnica DPR para realizar o mesmo sistema; (c) Mostra como o tamanho da FPGA aumentou teoricamente

que a utilização do DPR aumenta teoricamente o tamanho da FPGA para realizar mais aplicações do que a configuração regular da FPGA, o que leva a uma maior utilização dos recursos da FPGA. A aplicação do conceito de Reconfiguração Parcial no Rádio Definido por Software resultará num sistema sem fios totalmente reconfigurável que será demonstrado neste trabalho. Este conceito pode também ser generalizado a outras áreas de estudo.

Outra vantagem da reconfiguração em tempo de execução dos FPGA é o facto de alargar o mercado dos FPGA em comparação com a quota de mercado dos ASIC. A figura 1.4 mostra que as unidades FPGA utilizadas no mercado passaram para o domínio dos volumes mais elevados. A redução dos valores dos FPGA deve-se ao facto de a funcionalidade dos FPGA ser alargada através da reconfiguração.

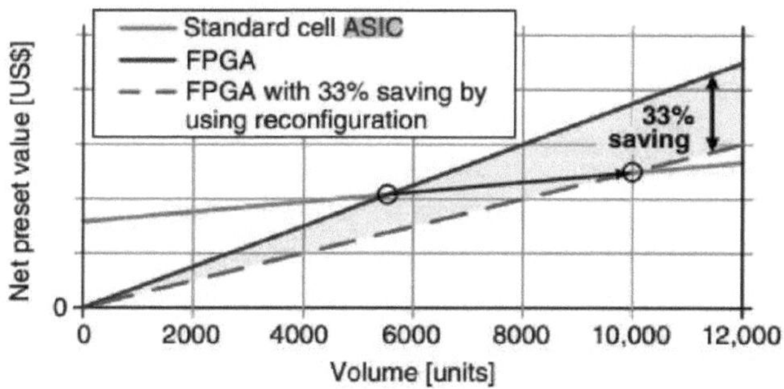

Figura 1.4: Valor vs. volume para ASIC e FPGA [6]

1.5 Ideia de investigação

2G, 3G, LTE e WIFI são normas de comunicação amplamente utilizadas. A implementação de todas estas normas no mesmo chip consome área e energia para cada norma. A utilização de sistemas dinâmicos e reconfiguráveis reduz a área do chip e o consumo de energia. No capítulo 3, é apresentada uma adaptação simples do canal de comunicação que alterna entre diferentes esquemas de codificação de canal. No capítulo 4, a aplicação do mesmo conceito a outros blocos resulta num sistema completamente reconfigurável. Um projeto de cadeias de modulação usando a técnica DPR foi proposto em [7-9]. Em [10], foram comparadas diferentes implementações de esquemas de codificação de canal. A comutação de hardware será accionada durante a transferência entre dois sistemas de comunicação diferentes [11]. No entanto, a transferência demora dezenas de milissegundos, enquanto a reconfiguração do hardware demora menos tempo. Por outro lado, foram efectuados muitos estudos sobre a transferência do tráfego de dados entre sistemas celulares, por exemplo, 3G, e sistemas fixos sem fios, por exemplo, WIFI [12, 13].

1.6 Organização do livro

Este trabalho apresenta uma forma de implementar SDR usando a técnica FPGA DPR. Os capítulos seguintes são construídos da seguinte forma:

O capítulo 2 apresenta a técnica DPR da FPGA. Neste capítulo, é apresentada uma breve descrição geral da FPGA, a construção interna da FPGA para a FPGA Xilinx Virtex 5 e o processador softcore MicroBlaze da Xilinx. É feita uma descrição pormenorizada da técnica de reconfiguração dinâmica e parcial e do modo como esta técnica é fornecida pela FPGA da Xilinx. Os factores que afectam a técnica DPR e uma panorâmica dos factores avançados.

O capítulo 3 apresenta dois projectos diferentes de codificadores convolucionais utilizados em diferentes sistemas de comunicação 2G, 3G, LTE e WIFI. O primeiro projeto utiliza a técnica de implementação completa, em que todos os codificadores são implementados e existem no chip, enquanto no segundo projeto é utilizada a técnica DPR. Na técnica DPR, os codificadores são carregados a pedido e existem num dispositivo de armazenamento externo. A técnica DPR é efectuada utilizando a porta de configuração interna para configurar o tecido FPGA. Nas sessões do capítulo é apresentada uma comparação entre as duas concepções. Um sistema incorporado é implementado no kit FPGA e é utilizado para controlar ambas as concepções.

O capítulo 4 mostra uma cadeia de comunicação completa adoptada como sistema SDR, para realizar os principais blocos de comunicação preliminares em diferentes normas 3G, 4G e Wifi. O Jtag é utilizado como uma porta externa para configurar o tecido FPGA. Mostra outra forma de implementar o DPR utilizando Jtag. É feita uma comparação entre o projeto DPR e uma parte do projeto normal em que todo o hardware dos diferentes sistemas existe ao mesmo tempo.

O capítulo 5 apresenta as conclusões e a investigação futura a efetuar no domínio dos SDR e do DPR. E como esta nova técnica abre a porta à investigação maciça, na otimização do hardware para SDR.

Capítulo 2

Reconfiguração parcial dinâmica

Este capítulo apresenta uma introdução ao Field Programmable Gate Array (FPGA). Com uma visão geral da construção interna do Xilinx Virtex-5, que é utilizado neste trabalho, e do processador softcore MicroBlaze, que é um IP da Xilinx, utilizado na configuração interna da FPGA. A terminologia de computação reconfigurável é apresentada e destacada para a FPGA. A técnica de Reconfiguração Parcial Dinâmica (DPR) é explicada em pormenor e uma referência completa à reconfiguração parcial é ilustrada neste capítulo para apoiar os utilizadores desta técnica.

2.1 Visão geral do FPGA

O FPGA é um circuito integrado (IC) que é programado eletricamente para executar uma determinada aplicação. Inicialmente, não tem qualquer funcionalidade para funcionar antes de ser programado. O FPGA é formado por uma combinação de transístores ligados de uma forma específica. Aplicando uma tensão externa a estes transístores, estes passam a ter uma determinada funcionalidade. A esta combinação de transístores chama-se Look Up Tables (LUTs). Cada grupo de LUTs forma um bloco lógico programável (PLB). Estes blocos PLB têm sido desenvolvidos ao longo de muitos anos. As FPGAs recentes têm diferentes tipos de funcionalidade PLB, como blocos de memória que podem armazenar dados para operações internas, multiplicadores para operações aritméticas complexas e PLBs gerais que são utilizados para implementar funções gerais, desde um simples somador de 2 bits até uma unidade completa de microprocessador. A heterogeneidade interna dos PLB da FPGA é apresentada na figura 2.1. O encaminhamento interno da FPGA consiste em fios e comutadores programáveis que permitem as ligações entre os PLB, os blocos de memória, os multiplicadores e as portas de E/S. Estas ligações são desenvolvidas para obter o melhor encaminhamento dos dados. Estas ligações são desenvolvidas para obter o melhor encaminhamento e latência dos dados, por vezes com características diferentes que variam entre o caminho mais curto e o mais rápido. Além disso, existe uma rede dedicada de ligações que se encarrega da distribuição do relógio e dos sinais de reinicialização para obter um skew baixo.

O tamanho da LUT, o componente central da FPGA, é medido pelo seu número de entradas, por exemplo, uma LUT com 3 entradas será designada por 3-LUT. O número de LUTs no PLB pode ser de igual tamanho ou uma mistura de tamanhos diferentes. Um estudo realizado em [14] mostra que uma mistura heterogénea de LUTs (3-LUT, 4-LUT, 5-LUT, 6-LUT) é mais eficiente do que uma FPGA homogénea baseada em 3-LUT. Enquanto esta última adquire menos tamanho do que a estrutura heterogénea. Existem três técnicas principais diferentes utilizadas para

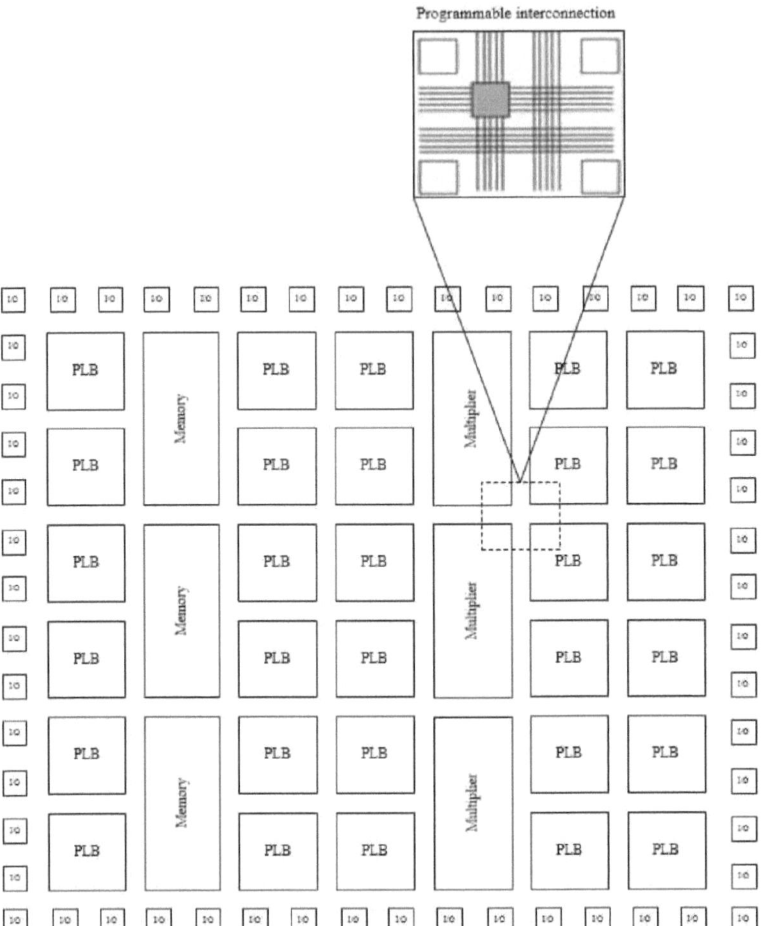

Figura 2.1: Construção interna da FPGA

programar as LUTs da FPGA. Tecnologias de programação Anti-Fuse, Flash e SRAM. As vantagens do Anti-Fuse e da Flash em relação à SRAM são o facto de serem não voláteis e ocuparem uma área reduzida. Enquanto a SRAM é facilmente reprogramável e utiliza a tecnologia de processo CMOS normal. Embora a SRAM se tenha tornado a abordagem dominante para programar as LUT da FPGA devido às vantagens que oferece, até à data não existe uma técnica que combine o melhor de todas.

As FPGAs actuais têm blocos IP, estes IPs são bibliotecas padrão que são optimizadas e desenvolvidas para facilitar o desenvolvimento da FPGA. Um engenheiro pode arrastar e largar determinadas funcionalidades em vez de construir um novo bloco de raiz. IPs como acumuladores, interfaces de bus, codificadores... etc. Os microprocessadores são considerados um dos núcleos de PI mais importantes. Existem dois tipos de microprocessadores, os softcore e os hardcore. O processador softcore, como o MicroBlaze da Xilinx, é implementado utilizando as portas lógicas FPGA. O processador hardcore, como o PowerPC da IBM, é fabricado no núcleo do CI do chip FPGA e ligado ao tecido FPGA, como se mostra na Figura 2.2. A principal preocupação do processador softcore é a sua limitação de velocidade, cerca de 200 MHz, e o facto de ocupar muitos recursos na FPGA. Existem algumas vantagens na utilização de um processador softcore, como a possibilidade de o modificar para satisfazer requisitos específicos, a personalização das instruções e o sistema de múltiplos núcleos. Por outro lado, a utilização de um processador hardcore permite atingir velocidades de processamento superiores a 1GHz. Assim, o processador hardcore tem o seu próprio tecido no chip FPGA e não ocupa recursos no tecido FPGA, o que permite a utilização total do FPGA. A desvantagem do hardcore é a sua arquitetura fixa que não pode ser modificada. A série Zynq da Xilinx é um exemplo perfeito dos actuais chips SoC, que combina um microprocessador ARM dual-core ou quad-core num sistema de processamento (PS) com um tecido FPGA da Xilinx como lógica programável (PL).

2.1.1 Xilinx Virtex-5

A FPGA Virtex-5-XC5VLX110T da Xilinx, que é utilizada neste trabalho, é um exemplo da FPGA geralmente apresentada na secção 2.1. Trata-se de um chip FPGA da série Xilinx Virtex-5. A Xilinx é um dos principais fornecedores de FPGA, com uma quota de mercado de 50%.

2.1.2 Blocos lógicos configuráveis (CLBs)

Os blocos lógicos configuráveis (CLB) são os principais recursos lógicos programáveis nas FPGAs da Xilinx. Os CLBs são PLBs gerais que são utilizados para implementar circuitos sequenciais e combinacionais na FPGA da Xilinx. O XC5VLX110T tem uma matriz CLB total de 160 x 54 (linhas x colunas). Na série Virtex-5, cada CLB contém dois segmentos e é utilizada uma matriz de comutação para comutar entre eles, como se mostra na figura 2.3. As 54 colunas de CLBs contêm 108 slices, sendo importante notar que, ao utilizar a técnica DPR, um CLB completo é considerado nos limites da restrição. Por outras palavras, não é possível dividir o CLB durante a reconfiguração da FPGA. Cada slice tem quatro 6-LUTs, quatro flip-flops, carry-logic e multiplexers, para fornecer funções lógicas, aritméticas e ROM. A heterogeneidade das fatias existe no Xilinx Virtex-5, o que permite uma maior otimização da área e do tempo. Algumas fatias são diferentes na sua construção interna, fornecendo RAM distribuída e memória ROM de 32 bits.

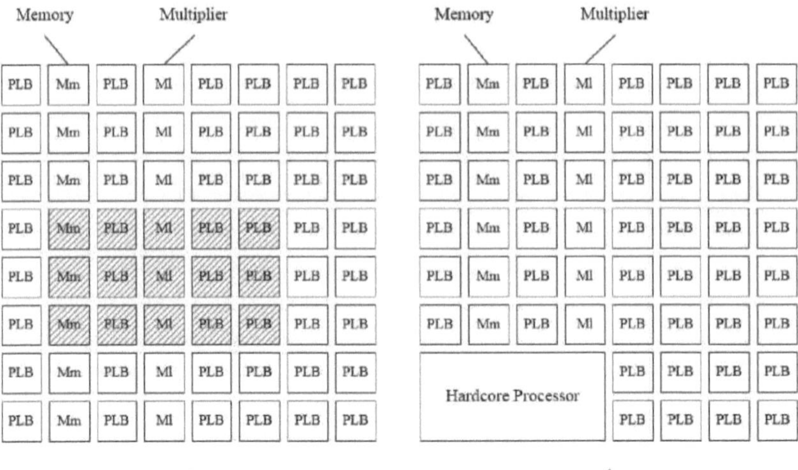

Figura 2.2: Processador Softcore e Hardcore (a) A parte sombreada representa a implementação do processador softcore na lógica da FPGA, que adquire alguns dos recursos disponíveis, como PLBs, memória e blocos multiplicadores; (b) Processador Hardcore fabricado ao lado da malha FPGA

registos de deslocação ao lado das funções de corte principais que são designadas por SLICEM, sendo os cortes normais designados por SLICEL. O SLICEM está distribuído na FPGA, em que alguns CLB contêm 2 SLICEL e outros CLB contêm 1 SLICEM e 1 SLICEL. Ao mapear o desenho para a lógica da FPGA, o tipo de slices deve ser considerado, a ferramenta PlanAhead da Xilinx dá uma estimativa para os slices necessários no desenho. O chip XC5VLX110T tem no total 69120 6-LUTs, 69120 flip-flops, 1120 Kb de RAM distribuída e 560 shift registers [27]. Os slices são numerados por linhas e colunas como na figura 2.4. As colunas são numeradas da direita para a esquerda usando o símbolo X, enquanto as linhas são numeradas de baixo para cima usando o símbolo Y. Esta numeração é importante para a colocação e o encaminhamento do desenho durante a criação do ficheiro de restrições do utilizador (UCF), quer manualmente quer utilizando a ferramenta PlanAhead. A causa da utilização da numeração de fatias é o facto de a numeração de fatias ser escrita continuamente de SLICE_X0Y0 a SLICE_X107Y159. Há números de CLBs que não existem porque são substituídos por DSPs ou RAMs de bloco ou bancos de entrada/saída (I/O) [27].

2.1.3 DSP e bloco de RAM

Os DSPs e a RAM de bloco são PLBs específicos existentes na arquitetura das famílias Xilinx. Não são como os CLBs que são utilizados para implementações de uso geral, tal como descrito nos parágrafos seguintes. Os blocos DSPs são utilizados para implementar operações aritméticas complexas e são optimizados em termos de arquitetura para produzir a mesma funcionalidade que pode ser implementada num grande número de CLBs. A Virtex-5 inclui a fatia DSP48E, que é considerada DSP IP fornecida pela Xilinx. A RAM de bloco é utilizada para oferecer blocos de RAM internos na FPGA,

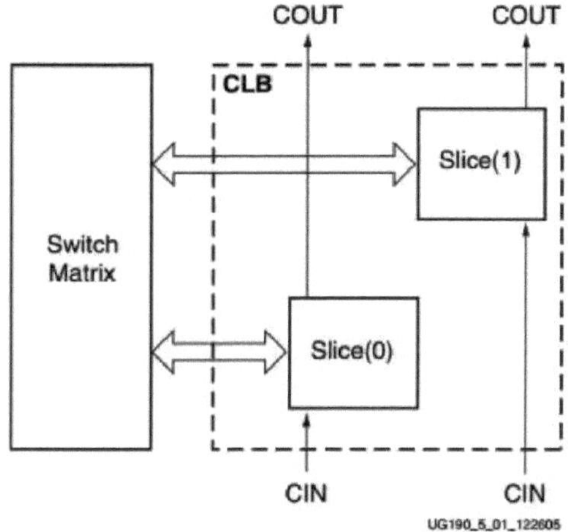

Figura 2.3: Matriz de encaminhamento de CLBs no Virtex-5 [27]

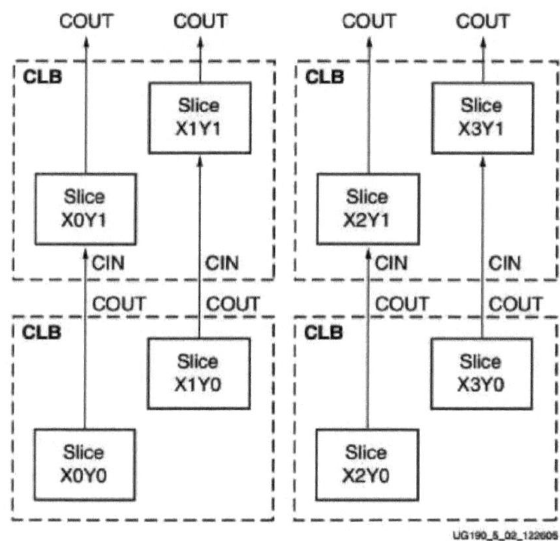

Figura 2.4: Relação entre CLB em linha e coluna no Virtex-5 [27]

são optimizados para armazenamento em memória em vez de aproveitarem a memória distribuída dos CLBs. Para clarificar esta questão, suponhamos que é necessário implementar uma unidade de processamento utilizando CLBs, o que irá consumir um grande número de LUTs que irão consumir muitos CLBs. Ao utilizar blocos de DSPs, isso reduzirá a utilização de CLBs. Para implementar a memória, existem duas formas, a primeira utilizando RAM distribuída, que consumirá muitos CLBs, e a segunda utilizando o bloco de RAM optimizado, que poupará CLBs que podem ser utilizados para outra função.

2.1. 4Processador softcore MicroBlaze

O MicroBlaze é um microprocessador softcore incorporado. Trata-se de uma arquitetura baseada num computador de conjunto de instruções reduzido (RISC). O MicroBlaze está optimizado para implementação em famílias de FPGAs Xilinx, utilizando uma parte dos recursos disponíveis na FPGA. A figura 2.5 mostra a construção interna do MicroBlaze [28].

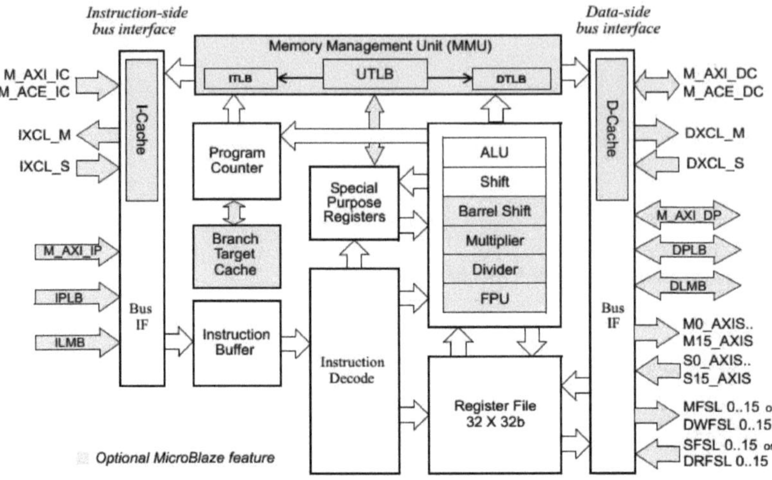

Figura 2.5: Diagrama de blocos do MicroBlaze [28]

2.2 Reconfiguração de FPGA

O termo Computação Reconfigurável (CR) surge pela primeira vez na década de 1960, quando G. Estrin propôs a ideia de "estrutura fixa mais variável" [15, 16]. A sua ideia considera que um processador de hardware fixo controla um conjunto de hardware "reconfigurável" variável. O hardware reconfigurável é configurado para lidar com uma tarefa específica durante um determinado período de tempo, após o qual será libertado para ser reconfigurado novamente para outra tarefa. Isto resultou numa estrutura de computador híbrida hardware-software, que combina a flexibilidade do software com a eficiência do hardware. A flexibilidade dos FPGAs permite-lhe ser considerada a melhor solução para o RC. A sua ligação a uma unidade de processamento permite realizar o trabalho pretendido. FPGAs modernos chip que combina FPGAs Programmable Logic (PL) e Processing System (PS) num único chip para obter o melhor desempenho e latência, como Altera Stratix 10 e Xilinx Zynq 7000.

2.2.1 Vantagens e desvantagens da reconfiguração

As principais vantagens dos sistemas reconfiguráveis são:

Utilização de recursos: Numa conceção normal, a maior parte do hardware não é utilizada até ser accionada para funcionar durante um determinado período de tempo, voltando depois ao modo de repouso à espera de outra ativação. A utilização de hardware reconfigurável aumentará a utilização de recursos ao omitir a parte não utilizada até ao momento de funcionamento, libertando recursos para serem utilizados noutras actividades.

Escalabilidade (possibilidade de atualização): A utilização de hardware reconfigurável permitirá atualizar o sistema para acomodar novas tarefas definidas para lidar com o crescimento da tecnologia e das funcionalidades. Facilita também a implementação da correção de erros no hardware, o que diminuirá o custo da implementação de novo hardware e aumentará o tempo de comercialização dos produtos.

Reutilização (Personalização): Reutilização dos recursos para diferentes implementações de design, onde um sistema pode ser personalizado para adaptabilidade.

Redução de energia: é considerado o item mais importante, em que a energia é consumida pelo sistema apesar de a maioria das peças não estar a funcionar. Na conceção de circuitos integrados (CI), a energia estática é consumida pelo dispositivo quando este não está ativo. A reconfiguração da FPGA ajuda a atrasar a implementação de uma parte específica até ao seu momento de funcionamento, o que diminuirá a energia consumida ao longo do tempo e a duração da bateria.

Área: Em vez de implementar um sistema completo horizontalmente, o que consome área, o sistema pode ser optimizado através da ideia de implementação vertical, que é a programação no espaço e no tempo. Onde uma pilha de blocos é armazenada e carregada no momento da operação. Isso economizará a área usada pelos mesmos blocos no projeto horizontal.

Pelo contrário, os sistemas reconfiguráveis apresentam algumas desvantagens que estão a ser melhoradas pela investigação, nomeadamente

Latência: A latência aumentou devido ao tempo necessário para a reconfiguração. Este item melhorou com a nova abordagem de reconfiguração em tempo de execução.

Memória: Como os blocos serão armazenados, no que é chamado de abordagem de projeto vertical neste trabalho, mais memória é necessária para armazenar as diferentes implementações até o momento da operação. Como os tamanhos de armazenamento estão a aumentar, este item é melhorado. Por exemplo, 5 ficheiros de poucos kilobytes contendo a nova reconfiguração podem ser armazenados em gigabytes de um dispositivo de armazenamento ligado. Os ficheiros de reconfiguração podem ser armazenados em servidores e acedidos através da rede, uma vez que o acesso à rede está a melhorar com o tempo.

Complexidade da programação: Definir o tempo de operação para uma determinada configuração e depois reconfigurar o dispositivo para outra operação é o fator mais difícil e importante na reconfiguração de dispositivos em . O engenheiro tem de ter em conta o tempo de programação para carregar a parte do dispositivo no momento exato para obter os dados válidos.

2.2.2 FPGAs reconfiguráveis

Os sistemas baseados em FPGA dividem-se em duas categorias: parametrizáveis e reconfiguráveis. A Figura 2.6 resume os tipos de FPGA.

Parametrização: Nesta categoria, uma imagem completa é carregada no FPGA para executar uma determinada aplicação. Esta imagem não se altera durante o tempo de execução, mas podem ser definidos novos valores para alguns registos, de modo a alterar o modo de funcionamento da aplicação. Esta abordagem é designada por parametrização [17]. Este tipo não é considerado uma verdadeira reconfiguração porque não há troca de blocos de hardware, mas o hardware implementado é optimizado e multiplexado para operar mais do que uma função utilizando linhas de seleção. É mais parecido com o ASIC, em que não são adicionadas novas ligações após a implementação.

Reconfigurabilidade da FPGA: Esta categoria é considerada uma verdadeira reconfiguração, em que a imagem da FPGA é carregada de novo e são efectuadas trocas entre diferentes fluxos de bits para executar diferentes aplicações. Este tipo pode ser uma reconfiguração completa (FR) ou uma reconfiguração parcial (PR). No tipo FR, o fluxo de bits descarregado irá configurar toda a FPGA para executar uma nova tarefa. Existe apenas um ficheiro de fluxo de bits que é carregado para a FPGA e que contém todo o desenho e as ligações definidas. No tipo PR, uma parte da FPGA é reconfigurada enquanto a outra parte não é alterada. O tipo PR tem mais do que um fluxo de bits a ser carregado na FPGA, um fluxo de bits estático e muitos fluxos de bits dinâmicos para uma ou mais partições dinâmicas. Na região estática, não ocorre qualquer alteração das ligações na FPGA, razão pela qual a região estática pode incluir o controlador de memória, o processador softcore ou a porta de configuração interna. Na parte dinâmica, o fluxo de bits pode ser atualizado com diferentes ligações (fluxos de bits) e carregado na FPGA.

No PR, a parte dinâmica pode ser alterada durante o tempo de inatividade ou durante o tempo de execução. No modo de tempo de inatividade, a FPGA deixa de funcionar até que a parte dinâmica seja substituída pelo novo fluxo de bits e o sistema continue a funcionar. A desvantagem deste tipo é a adição de uma sobrecarga de latência. Esta desvantagem é melhorada pelo segundo tipo, que é a reconfiguração em tempo de execução ou configuração dinâmica. Na reconfiguração dinâmica, a parte dinâmica é configurada com um novo fluxo de bits enquanto a FPGA está a funcionar. Esta reconfiguração dinâmica não acrescenta latência ao funcionamento da FPGA.

2.2.3 Tempo de reconfiguração

Na configuração parametrizada da FPGA, a configuração ocorre no momento da ligação. Como mostra a figura 2.7.a, após a primeira configuração, o dispositivo inicia o seu funcionamento sem qualquer outro tempo de overhead adicionado. A figura 2.7.b mostra o tempo de reconfiguração de uma FPGA reconfigurável. Esta figura mostra a reconfiguração completa, em que o tempo de overhead para a segunda reconfiguração é adicionado igualmente ao tempo da primeira configuração porque a imagem completa é carregada. A figura 2.7.c mostra que, utilizando a reconfiguração parcial, o tempo de sobrecarga da reconfiguração da FPGA é melhorado porque

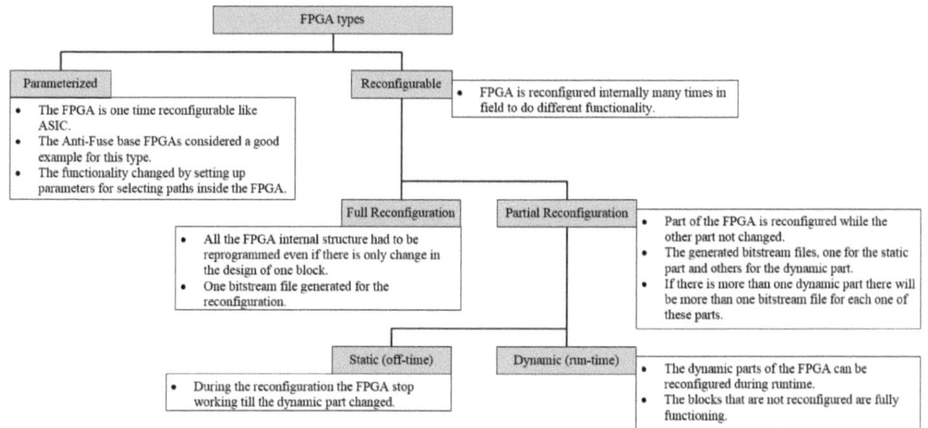

Figura 2.6: Tipos de configuração da FPGA

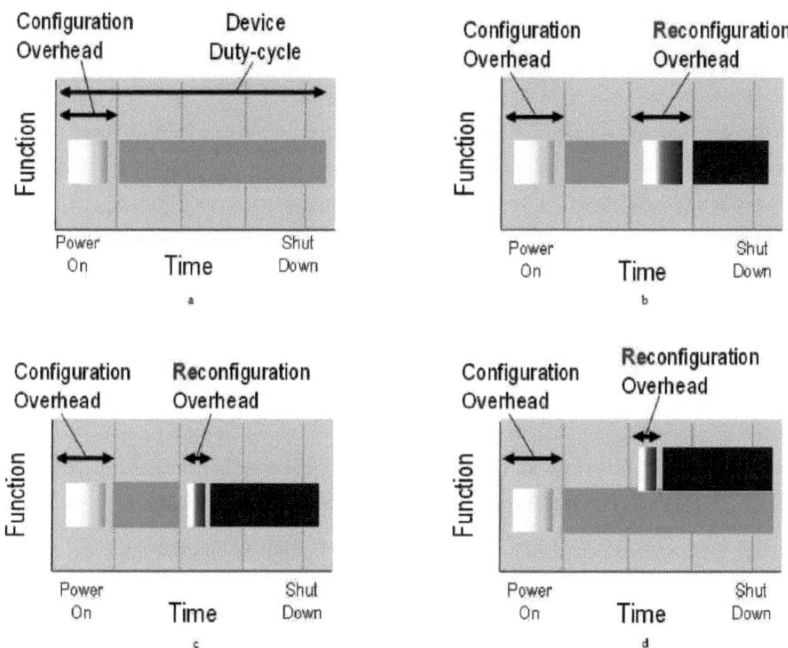

Figura 2.7: Tempo de configuração da FPGA [18]

apenas a parte dinâmica é reconfigurada, enquanto a parte estática não é alterada. Assim, o tempo de reconfiguração é inferior ao da configuração inicial da FPGA. Mas a reconfiguração estática (fora de tempo) tem o problema de suspender o funcionamento do dispositivo enquanto decorre a configuração da parte dinâmica. Em 2.7.d, a técnica DPR é utilizada para reconfigurar a parte dinâmica enquanto a FPGA está a funcionar. O FPGA não se desliga, pelo que o tempo de reconfiguração é insignificante.

2.2.4 Termos do RDP

A Partição Reconfigurável (RP) é a região do núcleo lógico da FPGA que será reconfigurada, cada RP pode ser reconfigurada com um ou mais Módulos Reconfiguráveis (RM), ocorrendo a troca entre eles.

O módulo reconfigurável (RM) é o módulo que contém a aplicação a executar. É projetado utilizando HDL ou netlist.

2.3 Factores de reconfiguração parcial

A reconfiguração parcial depende de muitos factores, que são afectados pelas ferramentas disponíveis, pela tecnologia FPGA, pelo modo de configuração e pela dimensão das alterações de configuração.

2.3.1 Modo de configuração

O primeiro fator é o modo de configuração ou a forma como os binários da FPGA, responsáveis pela configuração da FPGA, são carregados na FPGA. Há duas formas de carregar os dados de configuração do RM na FPGA RP, que dependem da forma como se chega ao plano de configuração, ou seja, se a FPGA é reconfigurada por uma unidade de processamento externa ou interna. A unidade de processamento interno que controla a reconfiguração da FPGA pode ser um processador softcore, como mostra a figura 2.8.a, ou um processador hardcore, como mostra a figura 2.8.b. Os binários do fluxo de bits da FPGA são armazenados num cartão de memória ligado ao kit e um controlador de memória será responsável pelo acesso à memória para obter o fluxo de bits de configuração. Para o sistema de processamento externo, a FPGA será controlada pelo PC, FPGA, GPP ou outro controlador. O controlador externo tem a sua própria forma de ir buscar os dados de configuração RM à memória externa. A figura 2.8.c apresenta um exemplo de um PC que reconfigura os RP da FPGA através de JTAG.

Configuração interna: Utilizando a porta de acesso à configuração interna (ICAP), o sistema de processamento interno, um processador softcore como o MicroBlaze ou um processador hardcore como o PowerPc, é responsável pela reconfiguração da FPGA. O ICAP é um protocolo do tipo SelectMap para aceder à memória de configuração interna [19]. O ICAP teve de ser implementado na região estática com o controlador de memória e o processador softcore, como se mostra nas figuras 2.8.a e 2.8.b.

Configuração externa: Utilização de controladores externos como CPU, DSP ou outro FPGA como mestre. Na reconfiguração externa, a FPGA reconfigurada é utilizada em modo escravo e a ligação entre os dois dispositivos, o controlador externo e a FPGA, é efectuada através dos protocolos Serial mode, JTAG ou SelectMap [19]. A Figura 2.8.c mostra um exemplo de configuração externa através de JTAG.

A Tabela 2.1 mostra os diferentes modos de configuração e as suas velocidades para a FPGA Virtex-5 da Xilinx [19]. Os diferentes modos de configuração têm larguras de banda e velocidades de relógio diferentes.

Tabela 2.1: Modos de configuração da FPGA [19]

Modo de configuração	Tipo	Relógio	Largura dos	Largura de banda máxima Bps

		máximo	dados	(bps/8)
ICAP	Interno	100 MHz	32 bits	400 MBps
SeleccionarMapa	Externo	100 MHz	32 bits	400 MBps
Modo de série	Externo	100 MHz	1 bit	12,5 MBps
JTAG	Externo	66 MHz	1 bit	8,25 MBps

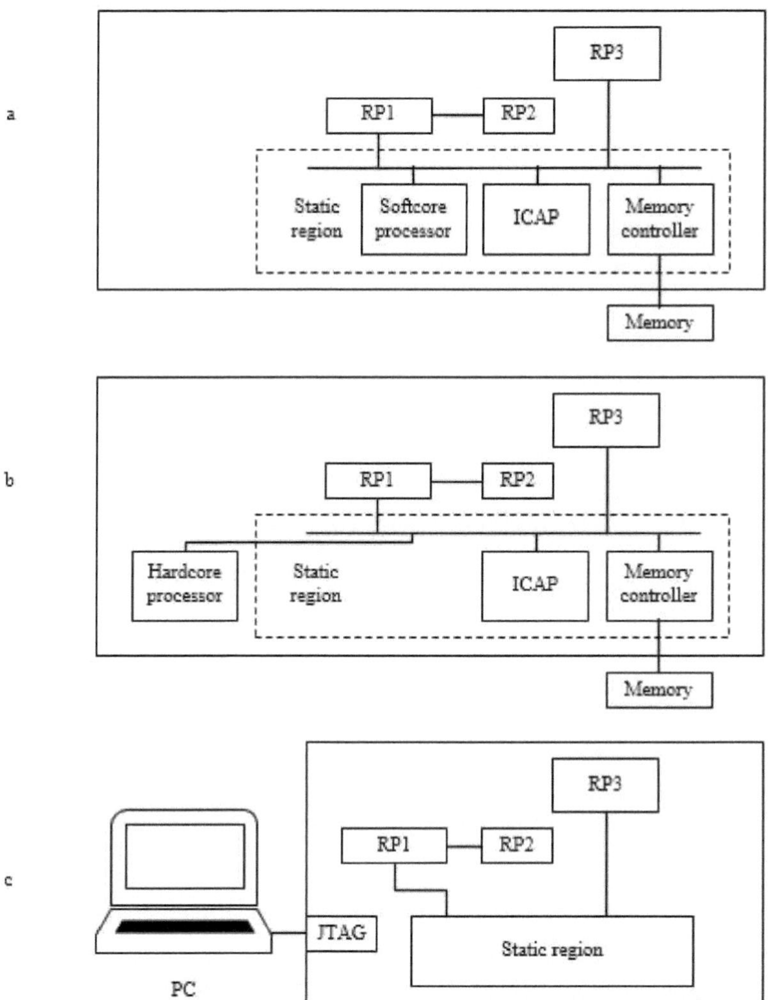

Figura 2.8: Modos de configuração da FPGA; (a) O processador Softcore reconfigura a RP através do

ICAP; (b) O processador Hardcore reconfigura a RP através do ICAP; (c) O PC reconfigura a RP através do JTAG o RM armazenado no disco rígido do PC

2.3.2 Estilo de módulo reconfigurável baseado em

O fator baseado no estilo do RM depende do tamanho da peça a reconfigurar na FPGA e se as alterações entre os diferentes RMs são grandes ou pequenas. Neste caso, a reconfiguração necessária pode basear-se em diferenças ou em módulos.

Baseado em diferenças: Usado para pequenas alterações de projeto para editar as ligações de algumas LUTs [20]. O ficheiro bitstream, a ser carregado na FPGA, contém a diferença entre as diferentes implementações, como mostra a figura 2.9.a. Embora este tipo seja utilizado para pequenas alterações de projeto, é mais complexo e demora mais tempo a desenvolver. O projetista deve ter um bom conhecimento da estrutura interna da FPGA, uma vez que necessita de efetuar algumas ligações manuais para as LUTs.

Baseado em módulos: Usado para grandes alterações de projeto, substituindo um bloco completo por um novo [21], como mostra a figura 2.9.b. É mais fácil de implementar do que o baseado em diferenças. O problema que este tipo pode enfrentar são as ligações de E/S que podem diferir de um bloco para outro.

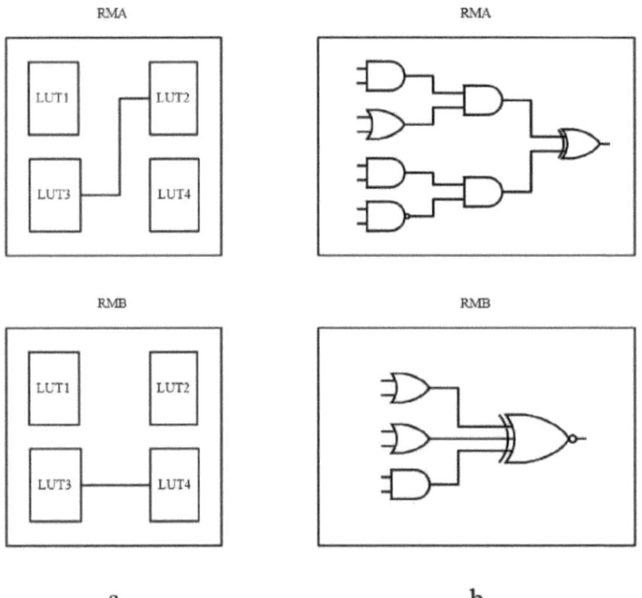

Figura 2.9: Reconfiguração baseada no estilo do módulo reconfigurável (a) Reconfiguração baseada na diferença as ligações entre LUTs têm uma pequena atualização entre diferentes RMs (b) Reconfiguração baseada no módulo cada RM tem diferentes módulos internos e construção

2.3.3 Tipos de matrizes de memória de configuração

A estrutura interna da FPGA e a tecnologia utilizada para construir os blocos da FPGA afectam o modo de configuração e de particionamento da FPGA. A configuração da FPGA é constituída por uma matriz de memória de configuração (CM) (camada de configuração) que se encarrega de aceder às portas lógicas (camada CMOS), ou seja, a forma de ativar a lógica programável utilizada num determinado desenho. A forma de particionar a FPGA depende do modo como a camada de configuração configura as portas lógicas. Existem diferentes formas de acesso da FPGA CM à camada lógica:

1-D: Nesta estrutura FPGA, a camada de configuração acede a uma coluna completa da matriz FPGA para a particionar e reconfigurar com o novo fluxo de bits. Isto existe em FPGAs antigas, como a Virtex-II. A Figura 2.10.a mostra que uma coluna D1 completa é reconfigurada com a coluna D2. [22-24]

2-D: Nas estruturas FPGA modernas, a camada de configuração acede ao plano lógico como uma memória, em que algumas células podem ser acedidas por linha e coluna. Este tipo existe em famílias recentes de FPGAs como as Virtex 4, 5, 6 e 7. A partição da FPGA a reconfigurar pode ter a forma de um quadrado ou de um retângulo. A Figura 2.10.b mostra que o bloco D1 é reconfigurado com o bloco D2. [25]

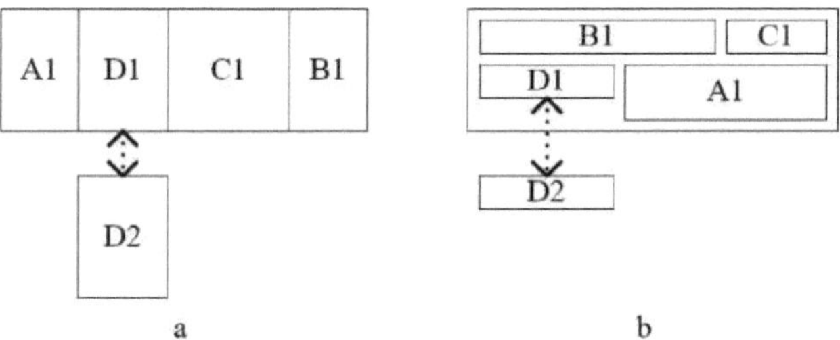

Figura 2.10: Tipos de matrizes de memória de configuração; (a) 1-D; (b) 2-D

2.3.4 Tipo de reconfiguração

As diferentes formas de reconfigurar a FPGA são descritas na Figura 2.6, enquanto o tempo de sobrecarga é apresentado na Figura 2.7. Esta secção destaca as técnicas de reconfiguração parcial relacionadas, que são a estática (fora de tempo) e a dinâmica (em tempo de execução).

Reconfiguração estática (fora de tempo): Neste tipo, parte da FPGA é reconfigurada enquanto se suspende o trabalho da FPGA. Por exemplo, se o chip tiver um sistema de comunicação implementado, o sistema de comunicação será interrompido durante este tipo de reconfiguração.

Reconfiguração dinâmica (em tempo de execução): Reconfiguração em tempo de execução durante o funcionamento normal da FPGA. No exemplo anterior, isto permite que o sistema de comunicações continue a funcionar enquanto se recarrega uma nova imagem para um bloco específico.

2.4 Tópicos avançados sobre reconfiguração parcial

2.4.1 Estilo de partição reconfigurável

Existem três tipos de estilos de reconfiguração, consoante o número de RM utilizados na mesma RP. O estilo de ilha é o mais utilizado e existe nos fornecedores de FPGA pela sua simplicidade e aplicabilidade. Neste tipo, os RM têm de ser multiplexados a tempo no mesmo local, mas apenas um é carregado de cada vez. Se o RM utilizado não preencher totalmente a RP, haverá um desperdício de LUTs que não são utilizadas. Para uma melhor utilização dos recursos, propõe-se a fragmentação interna da RP, que pode ser unidimensional (tipo slot) ou bidimensional (tipo grelha). No estilo de ranhura, os múltiplos RMs podem partilhar o mesmo RP de forma adjacente, enquanto no estilo de grelha os múltiplos RMs podem ser mais bem encaixados no espaço bidimensional do RP. Os diferentes estilos de PR [6] são ilustrados na figura 2.11, onde m1, m2, m3 e m4 são diferentes módulos de RM. Na figura 2.11-a, estão implementados 2 RMs por cada ranhura da PR, onde existe uma área não utilizada. Na figura 2.11-b é utilizado o estilo Slot, mostrando a área utilizada onde ml e m2 se encaixam com menos largura e mais alto do que na figura 2.11-a, permitindo a implementação de m3. Na figura 2.11-c, a deslocação para m3 permite a implementação de m4 e a utilização de mais área.

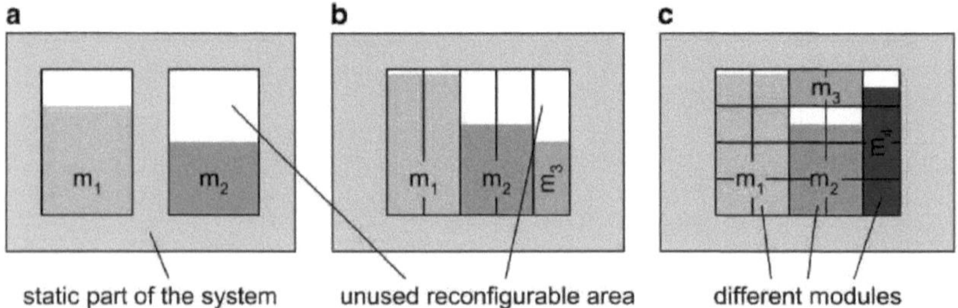

Figura 2.11: Estilos de partição reconfiguráveis [6]. (a) Estilo de ilha (b) Estilo de ranhura (c) Estilo de grelha

2.4.2 Restrições de ligação

A ligação entre a parte estática e a parte dinâmica é uma região sensível, uma vez que a região estática deve ter todas as ligações disponíveis para comunicar com a parte dinâmica, ou seja, as ligações na parte dinâmica devem ser inferiores ou iguais às da parte estática. A ligação entre a parte estática e a parte dinâmica tem três tipos: macro de barramento, lógica proxy e macro de bloqueio [6]. A macro de barramento é o método antigo para ligar as duas partes, neste método são utilizadas LUTs extra em ambos os lados para cada ligação [29]. O método da lógica proxy utiliza uma LUT extra chamada lógica proxy na parte dinâmica correspondente a cada ligação com a parte estática [21]. Este tipo é considerado uma macro de barramento baseada em fatias, uma vez que o número de LUTs é reduzido para quase metade. Em [30] é proposto um novo tipo de ligação chamado macro bloqueador, onde o fio de ligação PR é definido para ambos os lados. Na macro bloqueadora, forma-se um túnel da região estática para a região dinâmica e outro túnel da região dinâmica para a região estática, em que cada sinal de interface é delimitado por um fio de ligação PR. A figura 2.12

ilustra os diferentes tipos de ligações entre a região RP e a região estática, em que a RP tem dois módulos RM (funções NAND e OR) para se substituírem um ao outro.

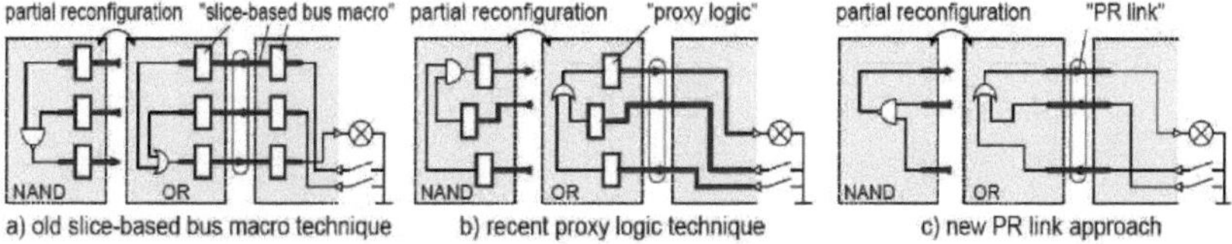

Figura 2.12: Restrições de ligação entre regiões estáticas e dinâmicas [6]. (a) Macro de barramento; (b) Lógica proxy; (c) Macro de bloqueio

2.4.3 Camadas de memória de configuração (3D-FPGAs)

Nas FPGAs 3D, a FPGA consiste em mais do que um plano de configuração que acede à camada CMOS. Estes planos de configuração empilhados têm uma camada de comutação entre eles para gerir o acesso à camada CMOS. Esta arquitetura melhora a densidade lógica, o atraso e o consumo dinâmico de energia em relação ao FPGA 2D convencional. A figura 2.13.a mostra a FPGA 2D convencional, enquanto a figura 2.13.b mostra o plano de configuração empilhado na FPGA 3D.

	Memória de configuração Camada 2
	Camada de comutação
Camada de memória de configuração	Memória de configuração Camada 1
Camada CMOS	Camada CMOS
(a)	(b)

Figura 2.13: Camadas de memória de configuração. (a) FPGA 2D convencional; (b) FPGA 3D empilhada

2.4.4 DPR no domínio do tempo (4D)

O RP pode ser reconfigurado com diferentes RMs ao longo do tempo para executar uma única aplicação. Ou seja, uma aplicação pode ser dividida em partes, a primeira parte para configurar o RP e depois libertada, e a segunda parte para reconfigurar o mesmo RP. O fluxo de dados entre os diferentes blocos é efectuado através da memória. A figura 2.14.a mostra uma aplicação dividida em dois blocos, a figura 2.14.b mostra que o RM1 é carregado no RP1 e, após um certo tempo, o RM2 é carregado para continuar, os dados entre os dois blocos são armazenados em memória antes de o RM1 ser libertado e depois recuperados após o RM2 ser carregado. Isto permite que a FPGA 2D convencional seja reconfigurada tanto no espaço como no tempo. A arquitetura avançada dos FPGAs é proposta pela Tabula para uma arquitetura FPGA multiplexada no tempo, designada por Spacetime FPGAs [26]. O FPGA tem diferentes camadas de memória de configuração, designadas por dobra. A dobra pode ser imaginada como uma camada CMOS virtual. Usando o exemplo anterior no Spacetime mostrado em 2.14.c, o RM1 é carregado para RP1 na dobra 1 depois de libertado RM2 para ser carregado e reconfigurar PR2 na dobra 2. Note-se que existe uma memória partilhada entre as duas camadas que permite transferir os dados da primeira fase para a fase seguinte.

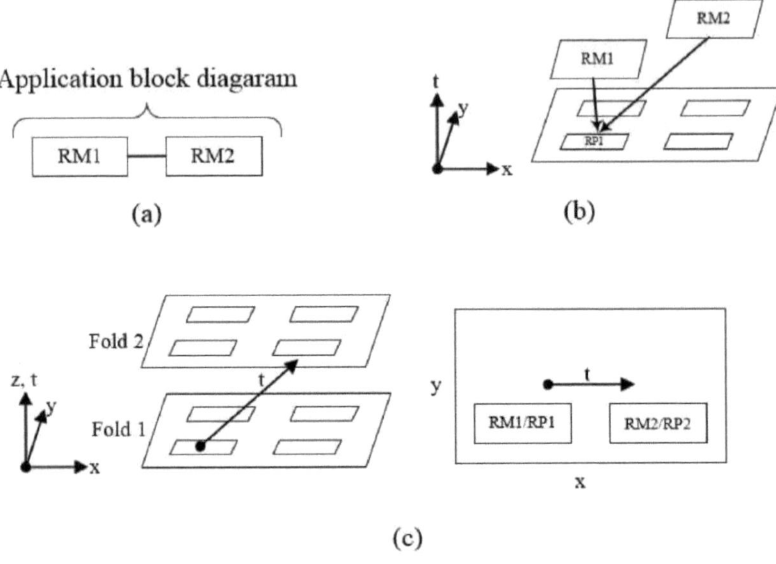

Figura 2.14: DPR no tempo

2.5 Resumo

A reconfiguração parcial é uma poderosa técnica de configuração de hardware que abre as portas aos sistemas de reconfiguração em tempo real. A figura 2.15 resume os factores DPR. Utilizando a reconfiguração parcial, os engenheiros podem criar ficheiros de configuração separados para diferentes formas de onda de sistemas de comunicação e carregá-los quando necessário. Este facto será demonstrado nos próximos capítulos e a forma como esta técnica útil está a ser utilizada na rádio definida por software.

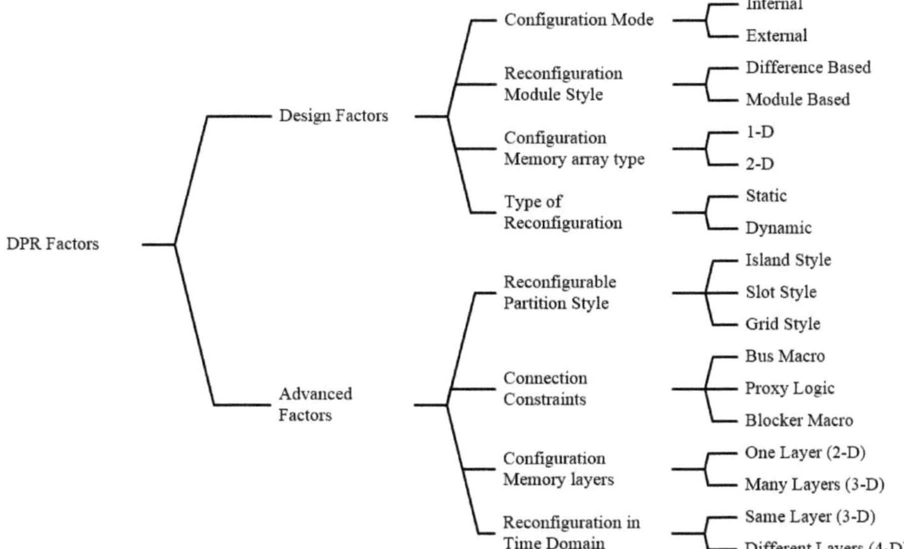

Figura 2.15: Factores do RDP

Capítulo 3

Implementação de DPR de codificação de canal utilizando MicroBlaze

Este capítulo apresenta duas técnicas de conceção diferentes para os módulos codificadores convolucionais utilizados no sistema SDR. As duas concepções são o módulo codificador geral (GEM) e o módulo codificador de carga única (SLEM). Ambas as concepções são utilizadas para alternar entre os codificadores convolucionais utilizados nas diferentes normas de comunicação 2G, 3G, LTE e WIFI com dois conceitos diferentes. As duas concepções são implementadas e testadas no kit de avaliação XUPV5-LX110T.

3.1 Correção de erros de avanço

A correção automática de erros (FEC) é uma técnica de codificação de canal utilizada para melhorar a fiabilidade dos dados enviados através dos canais de comunicação. É uma técnica digital em que bits de redundância são adicionados ao fluxo de bits de dados enviados para diminuir o efeito do ruído do canal nos dados enviados. Os bits de redundância podem ser os mesmos que os bits de dados enviados ou uma combinação dos dados enviados através de uma função conhecida.

3.1.1 Codificadores convolucionais

Os codificadores convolucionais são um dos esquemas de codificação FEC. São utilizados para adicionar símbolos de paridade aos dados enviados através de um canal de comunicação. Os novos quadros de dados são formados por uma combinação dos dados enviados, como mostra a figura 3.1.

A combinação é feita através de uma função polinomial com três parâmetros principais, que são utilizados nos codificadores convolucionais [N, K, L], em que N é o número de entradas, K é o número de saídas e L é o comprimento da restrição, que indica o número de elementos de memória utilizados. A taxa do codificador convolucional é N/K. O gerador polinomial diferente pode ser feito utilizando uma ligação de elementos de memória diferente. A taxa de código pode ser controlada através de uma técnica de punção para reduzir a taxa. O exemplo apresentado na figura 3.2 tem parâmetros N = 1, K = 2 e L = 3. A taxa neste exemplo é igual a 1/2 e os geradores polinomiais são G_0= 1, 0, 1 e G_1= 1, 1, 0.

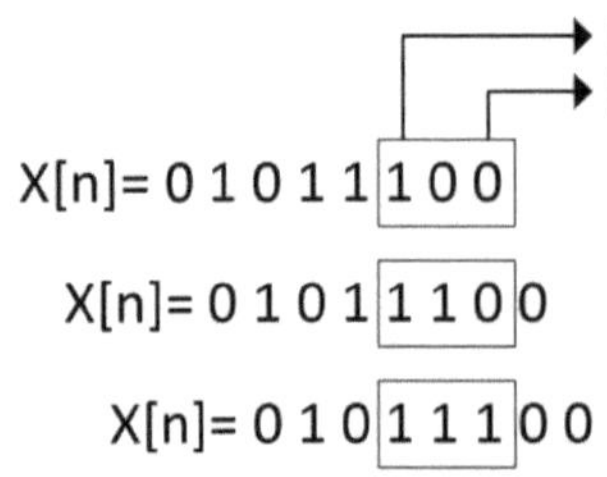

$P_0[n]$

$P_1[n]$

X[n]= 0 1 0 1 1 1 0 0

X[n]= 0 1 0 1 1 1 0 0

X[n]= 0 1 0 1 1 1 0 0

Figura 3.1: Janela do codificador convolucional

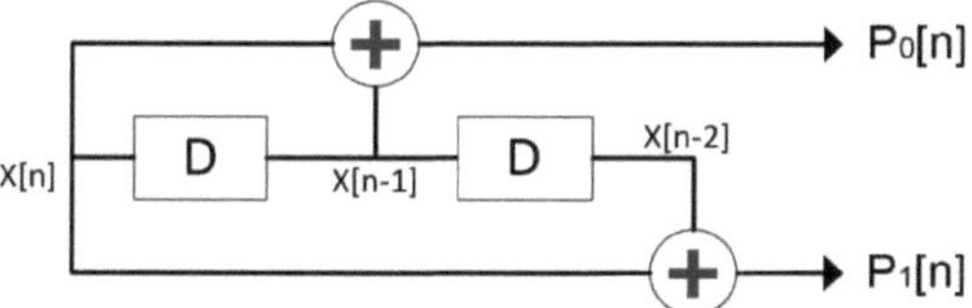

Figure 3.2: Exemplo de codificador convolucional

A saída do codificador convolucional correspondente aos valores em 3.1 será:

P0[0] = (1xou 0)= 1,P1[0]=(1 xou 0)= 1

P0[1] = (1xou 1)= 0,P1[1]=(1 xou 0)= 1

P0[2] = (1xou 1)= 0,P1[2]=(1 xou 1)=0

...

e assim por diante.

3.2.2 Codificador convolucional 2G

A 2G é a segunda geração das comunicações móveis. Baseia-se no Global System for Mobile Communications (GSM) desenvolvido pelo European Telecommunications Standards Institute (ETSI). O codificador convolucional é utilizado em diferentes canais da norma 2G [31].

3.2.3 Codificador convolucional 3G

A 3G é um termo curto para a terceira geração de comunicações móveis sem fios que proporciona uma taxa de transferência de dados a partir de 200 Kbit/s. O padrão 3G é lançado pela comunidade do 3rd Generation Partnership Project (3GPP) com nomes comuns como UMTS e WCDMA. A 3G utiliza codificadores convolucionais na codificação dos diferentes canais [32]. A Figura 3.3 mostra o diagrama de blocos dos codificadores convolucionais usados no sistema móvel 3G. A norma 3G utiliza um zero biting, em que o estado inicial dos registos de deslocamento deve ser zero e o estado final deve regressar a zero. O projeto de DPR proposto, apresentado neste capítulo, mostra que a comutação entre diferentes modos de funcionamento para o 3G pode ser feita utilizando a técnica de DPR. O que significa que a otimização do hardware pode ser feita de acordo com o mesmo padrão.

Figure 3.3: Codificador convolucional utilizado em 3G [32]

3.3.4 Codificador convolucional 4G

4G é a mais recente norma de comunicação implementada, que permite taxas de dados mais elevadas, até 1GBit/seg. O 4G é lançado pela comunidade 3GPP e amplamente conhecido como Long Term Evolution (LTE). A figura 3.4 mostra o codificador convolucional utilizado no LTE [33], e a figura 3.5 mostra o codificador turbo que se baseia no codificador convolucional [33]. Na norma 4G, é utilizado o tail biting, em que os estados inicial e final dos registos de deslocamento devem ser os mesmos.

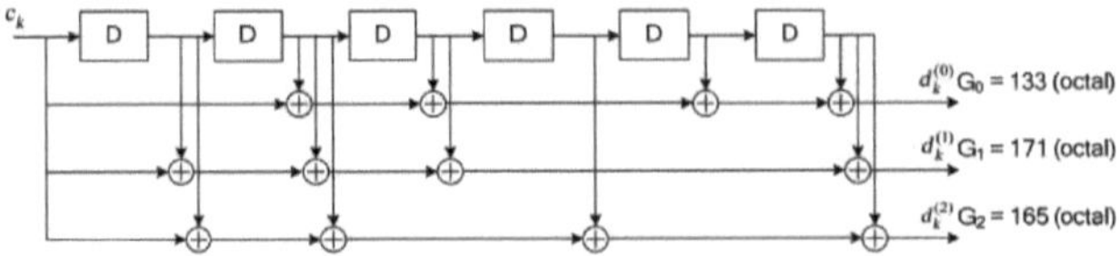

Figura 3.4: Codificador convolucional utilizado em LTE [33].

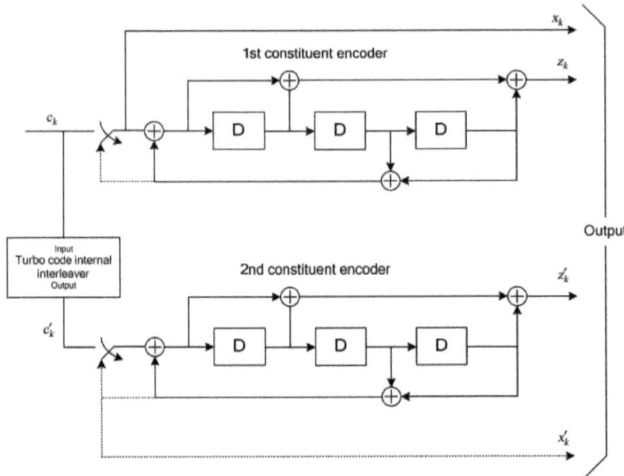

Figura 3.5: Codificador turbo utilizado em LTE [33]

3.1.5 Codificador convolucional WIFI

A WIFI é uma norma de comunicação fixa sem fios definida pelo Instituto de Engenheiros Eléctricos e Electrónicos (IEEE) e é conhecida como norma IEEE 802.11. A norma IEEE 802.11 define uma interface aérea entre um terminal de utilizador e uma estação de base ou entre vários dispositivos. Existem várias especificações na família 802.11, cada uma com diferentes características de canal, bem como diferentes taxas de dados, técnicas de modulação e gamas de funcionamento. O codificador convolucional mostrado na Figura 3.6 é usado nos padrões 802.11 a/g [34]. Ele será implementado neste trabalho como uma demonstração do sistema SDR usando DPR.

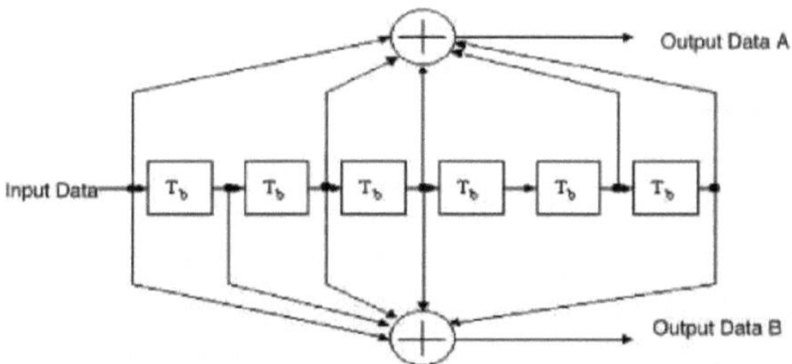

Figura 3.6: Codificador convolucional utilizado no WIFI 802.11 a/g [34]

3.2 Resumo do codificador convolucional

Os codificadores convolucionais são amplamente utilizados nos sistemas de comunicação sem fios, como 2G, 3G, LTE e WIFI. O quadro 3.1 apresenta as características dos diferentes codificadores convolucionais utilizados nas tecnologias 2G, 3G, LTE e WIFI. Diferentes codificadores convolucionais reflectem diferentes combinações de hardware dos elementos de memória. As diferenças no hardware significam diferentes realizações que consomem área se cada canal for totalmente implementado sozinho. Deste ponto de vista, este trabalho serve para combinar estes canais de hardware da melhor forma utilizando a técnica DPR. O mesmo conceito será aplicado a todos os módulos que tenham as mesmas características e sirvam na mesma posição na cadeia de comunicação, como será discutido no capítulo 4.

Tabela 3.1: Codificadores convolucionais utilizados em diferentes sistemas de comunicações

Codificadores convolucionais	Sistema	Canal	Taxa	Comprimento da restrição	Polinómios geradores (Octal)
C1	2G	Discurso TCH/FR	1/2	5	G0 = 31 G1 = 33
C2	2G	Discurso TCH/HR	1/3	7	G4 = 155 G5 = 123 G6 = 137
C3	2G	Dados	1/3	5	G1 = 33 G2 = 25 G3 = 37
C4	3G	BCH, PCH, RACH, DCH, FACH	1/2	9	G0 = 561 G1 = 753
C5	3G	DCH, FACH	1/3	9	G0 = 557 G1 = 663 G2 = 711
C6	LTE	BCH, DCI, UCI	1/3	7	G0 = 133 G1 = 171 G2 = 165

C7	WIFI 802.11 a,g	canal OFDM	1/2	7	G0 = 133 G1 = 171

3.3 Configuração do laboratório

A configuração do laboratório é mostrada na Figura 3.7 e consiste em

PC: É utilizado para comunicar com o kit de avaliação, onde é implementada uma interface de software simples para controlar o funcionamento do kit FPGA. O software é utilizado para introduzir um número a descodificar e escolher entre diferentes codificadores, como se verá mais adiante. O PC liga-se ao kit de avaliação através de um cabo de série.

Kit FPGA: O kit XUPV5-LX110T tem a FPGA Xilinx Virtex-5-XC5VLX110T, mais pormenores sobre esta FPGA são apresentados no capítulo 2. Os fluxos de bits dos diferentes codificadores e dos diferentes projectos são instalados nesta FPGA. O processador softcore MicroBlaze é implementado no tecido da FPGA para controlar o carregamento dos fluxos de bits a partir do Compact Flash para configurar e reconfigurar as portas lógicas.

Compact Flash (CF): Está ligado ao kit, que armazena o fluxo de bits do GEM e os fluxos de bits parciais e estáticos do SLEM.

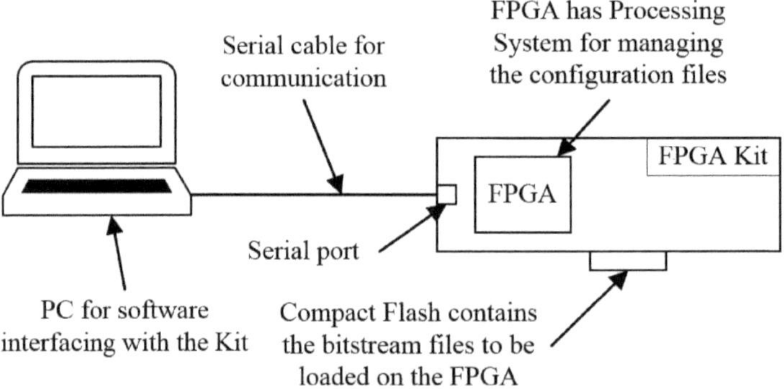

Figura 3.7: Configuração do laboratório de codificação convolucional

3.4 Módulo codificador geral (GEM)

O módulo codificador geral (GEM), apresentado na figura 3.8, é um projeto em que todos os codificadores convolucionais são implementados e existem na FPGA. A conceção do GEM é constituída por uma parte que é estática, ou seja, nenhuma ligação de hardware ou realização muda na FPGA durante o tempo de execução. É utilizado um multiplexador para comutar entre os diferentes codificadores que estão pré-carregados no módulo GEM.bit. O código VHDL é implementado num ficheiro que passa pelo processo normal de conceção digital descrito em 2. Esta conceção é formada por duas partes: o sistema de processamento e o módulo convolucional. O sistema de processamento é um sistema de processamento softcore implementado na lógica programável FPGA. Contém o processador MicroBlaze softcore, a UART, o ICAP e o System

ACE. O processador MicroBlaze softcore é utilizado para gerir a interface de software com o PC e gere os valores enviados para o multiplexador para uma comutação correcta entre os codificadores. O IP UART é utilizado para permitir a comunicação do PC com o Kit através da porta de série. O ICAP é um módulo IP utilizado para configurar a lógica programável FPGA interna a partir do processador MicroBlaze softcore interno. O módulo System ACE é utilizado para carregar os ficheiros de bits para a FPGA a partir do Compact Flash.

Ao ligar o sistema, o System ACE carrega o ficheiro GEM.bit a partir do Compact Flash e o ICAP acede à memória de reconfiguração para programar as portas lógicas. Em seguida, ao reiniciar o kit (premir a tecla de reset), inicia-se uma comunicação série entre o PC e o kit. É utilizado um software emulador de terminal "Tera Term" no PC, que permite ao utilizador escolher entre os diferentes codificadores convolucionais já implementados. Em seguida, o utilizador insere o número a codificar e o número codificado volta ao visor.

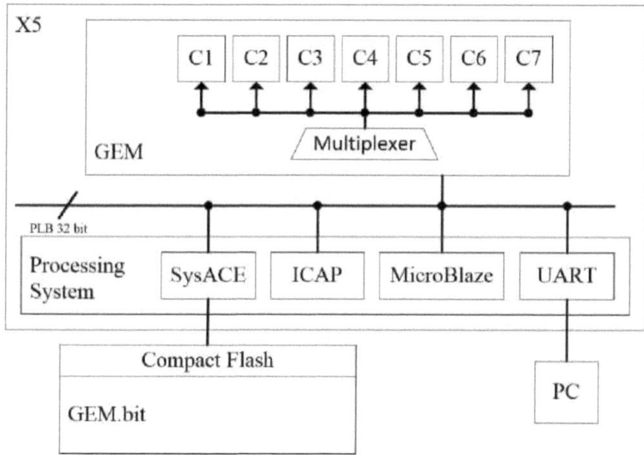

Figura 3.8: Projeto GEM, a comutação é feita utilizando um multiplexador

3.5 Módulo de codificador de carga única (SLEM)

O segundo projeto que utiliza a técnica PDR é designado por Single-Loaded Encoder Module (SLEM). Neste caso, a comutação é efectuada em tempo real entre as imagens armazenadas no Compact Flash e carregadas na lógica programável da FPGA em tempo de execução. Neste projeto, a FPGA é dividida numa região estática e numa partição reconfigurável (RP), que é uma região dinâmica que pode ser alterada durante o tempo de execução da FPGA. Cada codificador é implementado num único ficheiro e é utilizado como um módulo reconfigurável (RM). Cada RM tem a sua própria lista de rede que é carregada na partição RP em tempo real.

Na implementação SLEM que é mostrada na figura 3.9, a região estática contém o sistema de processamento que contém o processador softcore MicroBlaze, UART, ICAP e System ACE. E uma parte da FPGA é programada para ser reconfigurável dinamicamente usando a ferramenta PlanAhead. Neste projeto, o

MicroBlaze é utilizado para a interface de software com o PC e é responsável pelo carregamento do ficheiro de fluxo de bits parcial para a parte reconfigurável dinamicamente. O MicroBlaze deve comunicar com o Compact Flash através do System ACE e carregar os ficheiros de fluxo de bits parciais de configuração (C1.bit - C7.bit) para a região RP através do ICAP. Os ficheiros de fluxos de bits parciais são armazenados inicialmente num Compact Flash e carregados a pedido, sendo o único codificador escolhido carregado para a FPGA. O PC é ligado ao kit FPGA através de uma porta série.

Ao ligar o sistema, o System ACE carrega o ficheiro SLEM.bit a partir do Compact Flash e o ICAP acede à memória de reconfiguração para programar as portas lógicas. O ficheiro SLEM contém o desenho estático e um codificador inicialmente carregado para a região reconfigurável. Em seguida, uma comunicação em série entre o PC e o kit é iniciada ao reiniciar o kit (premir a tecla reset). É utilizado um software emulador de terminal "Tera Term" no PC, que permite ao utilizador escolher entre os diferentes codificadores convolucionais implementados

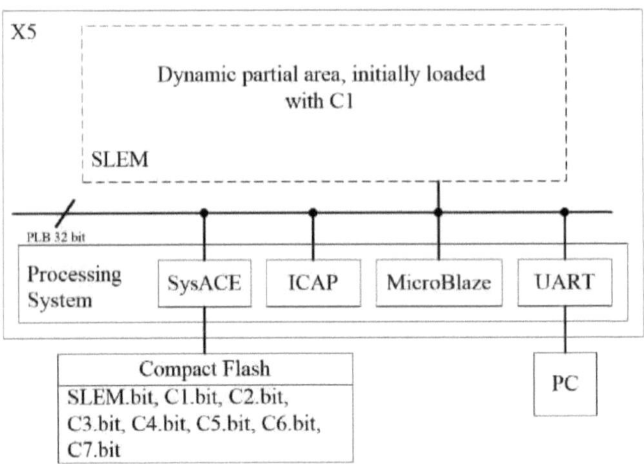

Figura 3.9: Conceção SLEM, codificador carregado durante o tempo de execução da FPGA

que será carregado a pedido. Em seguida, o utilizador insere o número a codificar e o número codificado volta ao visor. O utilizador não sentirá qualquer diferença na interface do utilizador.

3.6 Resultados para os dois sistemas

O compromisso entre as duas concepções é mostrado nos pontos seguintes, onde o SLEM mostra uma redução na área e na potência consumida, enquanto o GEM tem um pequeno benefício em termos de tempo e memória. A planta baixa das concepções GEM e SLEM é apresentada na figura 3.10.

3.6.1 Área ocupada na FPGA

Em cada projeto, uma partição de 800 LUTs é atribuída à implementação do codificador SLEM e dos codificadores GEM, utilizando a ferramenta PlanAhead da Xilinx, para que se possa esclarecer facilmente a percentagem de utilização de cada projeto nestas 800 LUTs. A Tabela 3.2 mostra o número de LUTs utilizadas em ambos os projectos e a respectiva percentagem de utilização. No projeto SLEM, a área máxima consumida por codificador convolucional é de 38 LUT. Enquanto a área consumida para o GEM, onde existem todos os codificadores convolucionais, é de 258 LUTs sem qualquer otimização. Após a otimização, o tamanho do GEM passou a ser de 113 LUTs, o que é ainda mais do que o design do SLEM. Ao utilizar o DPR no projeto SLEM, a área dos codificadores melhorou por um fator de 67% em comparação com a implementação completa do projeto optimizado GEM. A equação 3.1 mostra como é calculado o fator de melhoria.

$$Improvement\ in\ area = 1 - \frac{SLEM\ number\ of\ LUTs}{GEM_{optimized}\ number\ of\ LUTs} \times 100\% \qquad (3.1)$$

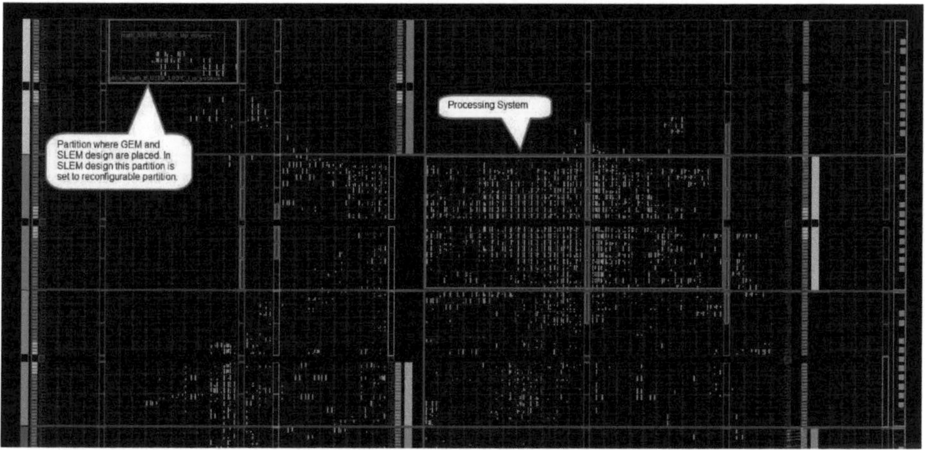

Figura 3.10: Planta do GEM e do SLEM

Quadro 3.2: Utilização da área para SLEM e GEM

Codificadores	SLEM							GEM	GEM
	C1	C2	C3	C4	C5	C6	C7	Sem otimização	Optimizado
N.º de LUTs	36	37	37	37	38	37	36	258	113
Utilização (%)	4.5	4.6	4.6	4.6	4.8	4.6	4.5	32.3	14.1

3.6.2 Memória necessária

O tamanho do ficheiro inicial dos desenhos GEM e SLEM é praticamente o mesmo, 3,8 MB. O ficheiro de configuração do projeto GEM contém o sistema de processamento (MicroBlaze, ICAP, UART, SySACE) e os codificadores. O ficheiro de configuração inicial do SLEM contém o sistema de processamento (MicroBlaze, ICAP, UART, SySACE) e um codificador. Como o sistema de processamento ocupa uma área maior do que a parte do codificador, a diferença de poucas LUTs entre a configuração do GEM e a configuração inicial do SLEM é ignorada. A conceção SLEM necessita de mais memória de armazenamento do que a conceção GEM devido aos ficheiros de sequência de bits parciais dos codificadores convolucionais individuais, cada um com 60 KB. Assim, para os 7 codificadores convolucionais projectados, o SLEM necessita de mais 420 KB de memória, o que é considerado um ligeiro aumento de memória. Note-se que o tamanho do ficheiro gerado depende do número de LUTs, pelo que o tamanho do ficheiro de 60 KB formado depende do número total de LUTs na partição dinâmica, e não das LUTs ocupadas, ou seja, o tamanho do ficheiro de 60 KB é equivalente às 800 LUTs e não às 38 LUTs do tamanho máximo do codificador no SLEM. A Tabela 3.3 resume a memória necessária para ambos os projectos.

Quadro 3.3: Memória necessária para o SLEM e o GEM

SLEM	GEM
Tamanho do ficheiro da corrente de bits de configuração inicial = 3,8 MB Tamanhos de ficheiro da corrente de bits reconfigurável = 7 x 60 KB = 420 KB	Configuração do fluxo de bits Tamanho do ficheiro = 3,8 MB
Tamanho total = 4,2 MB	Tamanho total = 3,8 MB

3.6.3 Estimativa de potência

A ferramenta Xilinx Power Analyzer (XPA) é utilizada para estimar o consumo de energia no módulo codificador convolucional. O projeto SLEM apresenta melhorias no consumo de energia lógica do módulo em relação ao projeto GEM para diferentes frequências de funcionamento do MicroBlaze, como se mostra na tabela 3.4. A percentagem de melhoria de potência é calculada de acordo com a equação 3.2. O projeto GEM ocupa mais LUTs que consomem mais energia lógica. No projeto SLEM, apenas o codificador necessário será carregado, o que consome menos energia e menos número de LUTs em comparação com a implementação completa. O aumento da frequência do MicroBlaze de 50 MHz para 100 MHz aumenta a potência consumida em ambas as concepções, mas a conceção SLEM apresenta um menor consumo de energia do que a conceção GEM para todas as frequências aplicadas. A percentagem de melhoria de potência situa-se entre 56% e 64% para diferentes frequências de funcionamento do MicroBlaze. Ao continuar a aumentar a frequência de funcionamento, é indicado que a melhoria da potência começa a diminuir novamente.

O que mostra que o valor optimizado para o design do SoC utilizando o MicroBlaze é de cerca de 75 MHz.

$$Improvement\ in\ power = 1 - \frac{Power\ consumed\ in\ SLEM}{Power\ consumed\ in\ GEM_{optimized}} \times 100\% \qquad (3.2)$$

Tabela 3.4: Consumo de energia

Frequência de funcionamento	Consumo de energia do SLEM	Consumo de energia do GEM	Melhoria da potência
50 MHz	0,08 mW	0,18 mW	56 %

75 MHz	0,12 mW	0,33 mW	64 %
100 MHz	0,17 mW	0,44 mW	61 %

3.6.4 Tempo de sobrecarga

O tempo de configuração inicial em ambas as concepções GEM e SLEM é o mesmo porque o ficheiro de fluxo de bits inicial tem o mesmo tamanho 3,8 MB para ambas, tabela 3.3. Na conceção GEM, não há qualquer acréscimo de tempo porque todos os codificadores existem, enquanto na conceção SLEM são gerados ficheiros de fluxo de bits parciais de 60 KB para cada codificador, pelo que é acrescentado um acréscimo de tempo de reconfiguração na conceção SLEM. A Tabela 3.5 mostra o tempo de configuração e reconfiguração para ambas as concepções e como são reduzidos com o aumento da frequência do MicroBlaze. A Equação 3.3 mostra o tempo teórico de configuração e reconfiguração utilizado na Tabela 3.5. A taxa de transferência máxima é obtida para o ICAP a partir da tabela 2.1.

$$Theoretical\ configuration\ time = \frac{Bitstream\ file\ size}{Max\ throughput} \tag{3.3}$$

Tabela 3.5: Tempo de configuração e reconfiguração

Conceção	SLEM (C1-C7)	GEM
Frequência de funcionamento 50 MHz		
Tempo de configuração (ms)	19	19
Tempo de reconfiguração (ms)	0.30	0
Frequência de funcionamento 75 MHz		
Tempo de configuração (ms)	12.7	12.7
Tempo de reconfiguração (ms)	0.20	0
Frequência de funcionamento 100 MHz		
Tempo de configuração (ms)	9.5	9.5
Tempo de reconfiguração (ms)	0.15	0

3.6.5 Triângulo PTF

O triângulo potência, tempo e frequência (PTF) é um dos factores importantes na escolha de concepções comprometidas. A Figura 3.11 mostra o compromisso entre o consumo de energia e o tempo de reconfiguração para um fluxo de bits parcial de um ficheiro de 60 KB. Mostra que em o funcionamento do MicroBlaze com uma frequência de 100 MHz diminui o tempo de reconfiguração e o consumo de energia lógica do módulo aumenta. Ao passo que diminuir a frequência do MicroBlaze para 50 MHz aumenta o tempo de reconfiguração e diminui a potência consumida na lógica do módulo. O valor optimizado da frequência de funcionamento do MicroBlaze é de cerca de 75 MHz, em que a potência consumida se situa entre 0,1 mw e 0,12 mw. Além disso, o tempo de reconfiguração necessário para reconfigurar os blocos parciais situa-se entre 0,2 mseg e 0,25 mseg.

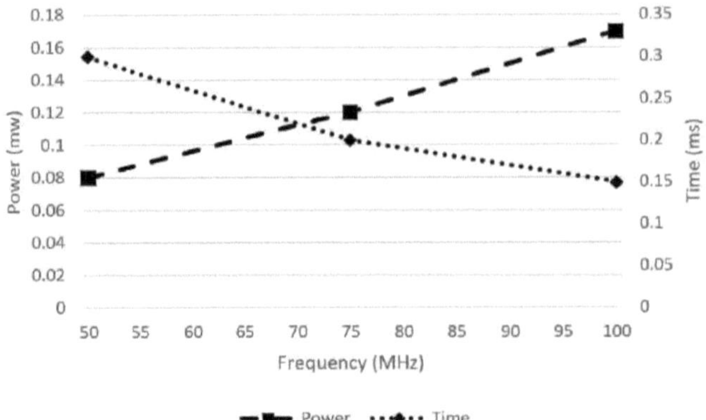

Figura 3.11: O triângulo PTF mostra o compromisso entre o consumo de energia na lógica do módulo e o tempo de reconfiguração necessário para descarregar um novo módulo utilizando o DPR no projeto SLEM para diferentes frequências de funcionamento do MicroBlaze.

3.7 Conclusão

Este capítulo mostra os benefícios da utilização da técnica DPR no sistema SDR para implementar um único bloco. A implementação de uma biblioteca de codificadores diferentes e a comutação entre eles reduz a complexidade do sistema e torna-o prático e atualizável em tempo real. A utilização da técnica DPR poupa mais energia e área no silício com percentagens elevadas, com um ligeiro aumento do tempo de sobrecarga e do armazenamento na memória. O próximo capítulo incluirá a simplificação da cadeia do sistema de comunicação e a generalização do conceito de DPR para outros blocos.

Capítulo 4

Implementação da cadeia de DSE

Este capítulo propõe uma implementação de uma cadeia SDR para um sistema de comunicação multi-padrão utilizando a técnica DPR. Neste capítulo, as diferentes normas são simplificadas para funcionar utilizando os blocos preliminares de cada norma de comunicação. É feita uma comparação entre o DPR simples e os sistemas normais. Neste capítulo, é apresentada uma forma diferente de DPR utilizando um controlador externo de PC. A configuração e a reconfiguração são efectuadas através de JTAG.

4.1 Semelhanças nas normas de comunicação

O canal de comunicação simples é constituído pela codificação do canal, que é utilizada para ultrapassar as circunstâncias do canal e recuperar os dados enviados com uma precisão aceitável. O segundo bloco principal é a modulação, em que um sinal portador é adaptado de uma forma especial para transportar o sinal de dados através do meio até chegar ao seu destino. As diferentes normas de comunicação utilizam estes blocos principais com outros blocos que dependem das especificações da norma, como atingir uma elevada capacidade de utilizadores com uma transferência de dados de elevado débito, ultrapassando as circunstâncias do canal. Na figura 4.1 são apresentadas normas de comunicação simplificadas para os principais blocos das normas 2G, 3G, 4G e WIFI. Os blocos apresentados têm especificações diferentes consoante o modo de funcionamento e o canal utilizado para cada norma.

O 2G é o padrão de segunda geração de telefonia móvel sem fio, originalmente baseado no Sistema Global de Comunicação Móvel (GSM). Na 2G, a camada física é composta principalmente por codificação de canal utilizando um codificador convolucional e depois modulada com Gaussian minimum-shift keying (GMSK) [31, 35-37].

A 3G é a norma móvel sem fios de terceira geração, que utiliza a tecnologia de acesso rádio WCDMA (Wideband Code Division Multiple Access) para oferecer uma maior eficiência espetral e largura de banda do que a antecessora 2G. Na 3G, os dados são codificados utilizando codificadores convolucionais FEC ou codificadores Turbo, depois são espalhados na largura de banda do canal, o que permite uma melhor resistência do canal ao ruído e às interferências, e passam depois por diferentes técnicas de modulação de fase e amplitude, como a BPSK (Binary Phase Shift Keying) e a QAM (Quadrature Amplitude Modulation) [32, 38-40].

A WIFI é uma norma de comunicação fixa sem fios. Permite que os dispositivos electrónicos troquem dados ou se liguem sem fios à Internet. A camada física da WIFI utiliza a multiplexagem por divisão de frequência ortogonal (OFDM) como formato de modulação. O OFDM é um esquema de modulação em que são utilizadas várias portadoras ortogonais espaçadas entre si para transportar dados. Cada portadora é modulada utilizando técnicas de modulação convencionais, como BPSK, QAM, 16-QAM, etc. A Transformada Rápida

Inversa de Fourier (IFFT) no lado do transmissor é adoptada para efeitos de ortogonalidade da portadora. A codificação de canal em WIFI é feita usando codificadores convolucionais ou código de verificação de paridade de baixa densidade (LDPC) [34].

A Long Term Evolution (LTE) ou 4G é a quarta geração de normas móveis sem fios. No transmissor de ligação ascendente LTE, o acesso múltiplo por divisão de frequência de portadora única (SC-FDMA) é utilizado devido ao seu menor rácio de potência pico-média (PAPR), o que, consequentemente, beneficia a eficiência da potência de transmissão do terminal móvel e a redução dos custos do amplificador de potência. O SC-FDMA é como o acesso múltiplo por divisão ortogonal de frequências (OFDMA), com a adição da etapa da transformada discreta de Fourier (DFT) antes do mapeamento das camadas e da N-IFFT, sendo a DFT de M pontos selecionada de modo a que M seja inferior a N. A LTE suporta diferentes tamanhos de IFFT de N pontos para diferentes frequências [41] e diferentes técnicas de modulação convencionais. O LTE utiliza codificadores convolucionais FEC e codificadores Turbo para a codificação do canal [33, 41-44].

Em 2G e 3G, os principais blocos são a codificação e a modulação do canal. Enquanto no uplink LTE o transmissor utiliza o canal SC-FDMA que tem 2 componentes principais diferentes DFT e IFFT, no WIFI depende do canal OFDM que tem um bloco IFFT. Em Wifi e LTE, é utilizado um mapeador para mapear os pontos de frequência nas subportadoras de dados para o símbolo OFDM que é atribuído a um utilizador. Além disso, é adicionado um prefixo cíclico (inserção de guarda) para eliminar a interferência entre símbolos (ISI). A fase de perfuração e intercalação em diferentes normas de comunicação pode ser considerada como uma parte da codificação do canal.

4.2 Conceção e implementação da cadeia SDR utilizando DPR

O projeto proposto para o sistema SDR é a comutação entre 3G, LTE e WIFI utilizando DPR. O projeto é apresentado na figura 4.2, e os blocos seleccionados da figura 4.1 são a codificação do canal, a modulação, a DFT e a IFFT. A codificação de canal escolhida para os diferentes sistemas é o codificador convolucional. Para o 3G foram seleccionadas duas implementações diferentes, a primeira com (taxa 1/2, comprimento de restrição 9) e a segunda com (taxa 1/3, comprimento de restrição 9), o codificador convolucional LTE a ser implementado com (taxa 1/3, comprimento 7) e o codificador convolucional WIFI com (taxa 1/2, comprimento 7). As diferentes normas suportam BPSK, QPSK ou 16-QAM como modulação digital convencional. Na 3G, em que se utiliza o WCDMA para espalhar os dados pelo canal, não há necessidade de blocos DFT e IFFT, pelo que se adiciona um enchimento. O filler é um bloco vazio adicionado à cadeia quando nenhum bloco específico é adicionado. No lado do transmissor do equipamento do utilizador LTE (UE), são utilizadas uma DFT de ponto M e uma IFFT de ponto N, tal como discutido na sessão anterior, com valores seleccionados para M e N de 64 e 256, respetivamente. Na cadeia WIFI, é utilizada uma IFFT de 64 pontos e o bloco DFT é substituído por um enchimento.

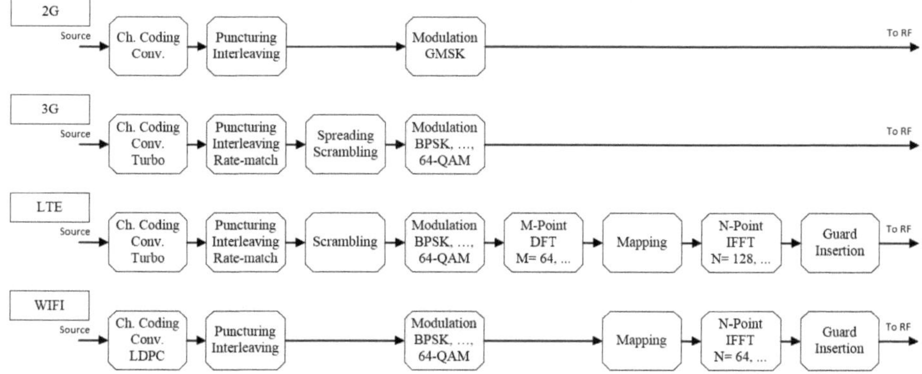

Figura 4.1: Diferentes cadeias de comunicação

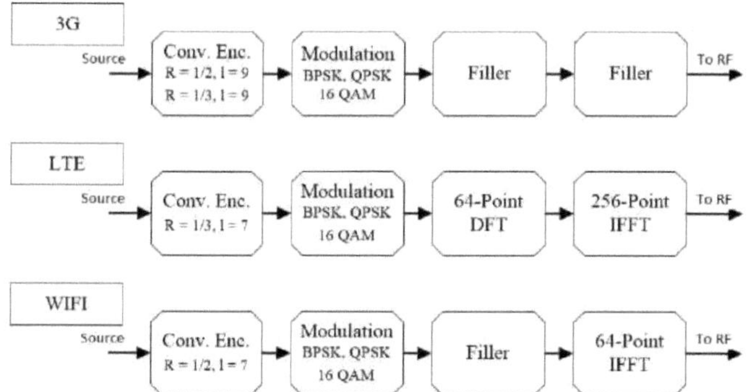

Figura 4.2: Cadeia de comunicação 3G, 4G e WIFI

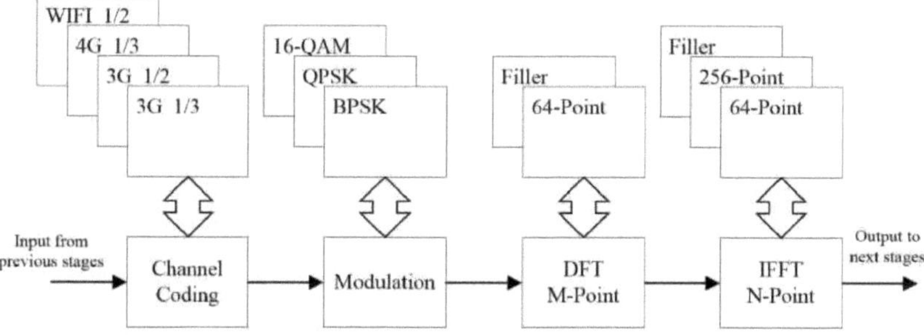

Figura 4.3: Cadeia de SDR reconfigurável

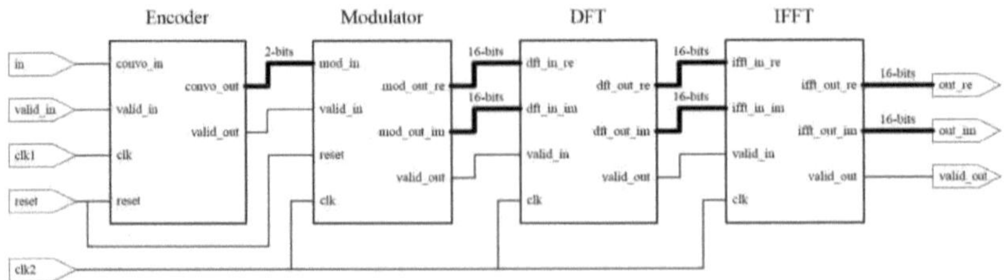

Figura 4.4: Esquema da cadeia SDR

A cadeia reconfigurável implementada na FPGA Xilinx é apresentada na figura 4.3. É composta por 4 blocos sucessivos, correspondentes aos apresentados na figura 4.2. A cadeia é composta por codificação de canal, modulação, DFT e IFFT. O esquema do projeto é apresentado na figura 4.4 e o projeto planeado a partir da ferramenta PlanAhead é apresentado na figura 4.5.

4.3 Sistema geral

O sistema de comunicação é geralmente apresentado no capítulo 1. Na figura 4.6 é apresentado um sistema mais pormenorizado, com maior incidência na construção interna do sistema. O sistema é constituído por diferentes blocos, alguns dos quais são implementados na camada de hardware e outros na camada de software. Estes blocos são:

1. Domínio analógico onde o sinal é recebido e convertido utilizando ADC / DAC de/para o domínio digital.

2. O processamento de banda base é efectuado em FPGA, onde os módulos de hardware têm de ser reconfigurados para um determinado canal.

3. Camada de rede para receção e processamento de pacotes. É implementada como módulos de software.

O sistema de processamento encarrega-se disso:

1. Módulos de software de processamento de dados.
2. Reconfiguração de FPGA para módulos de hardware.
3. Gestão da memória e passagem de dados entre diferentes blocos do sistema, hardware e software.

O dispositivo de memória contém:

1. Firmware para os dispositivos ligados.
2. Os ficheiros do sistema operativo que contêm aplicações relacionadas.
3. Módulos de hardware reconfiguráveis.

A investigação centra-se nas partes amarelas que incluem a cadeia de transmissores, a reconfiguração da

FPGA e os módulos reconfiguráveis.

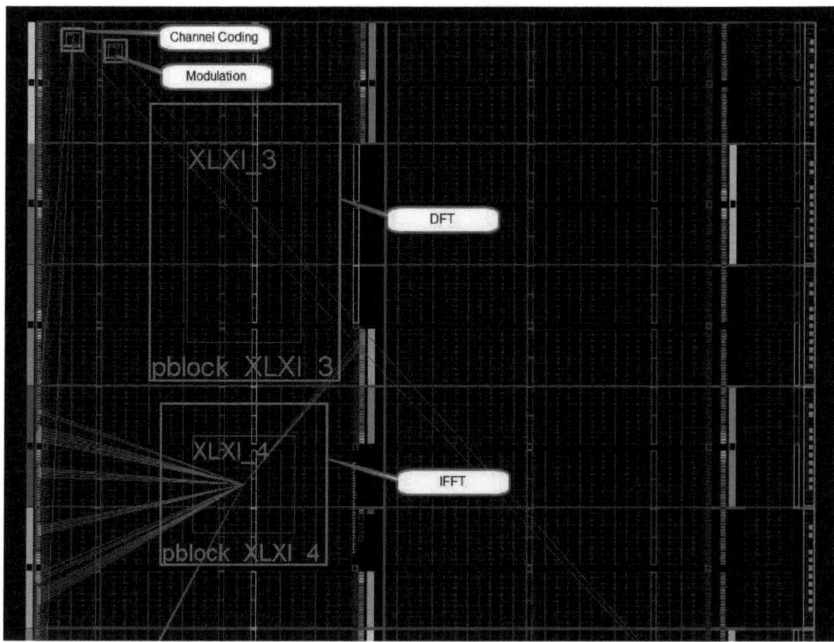

Figura 4.5: Planeamento do piso da cadeia SDR utilizando o PlanAhead

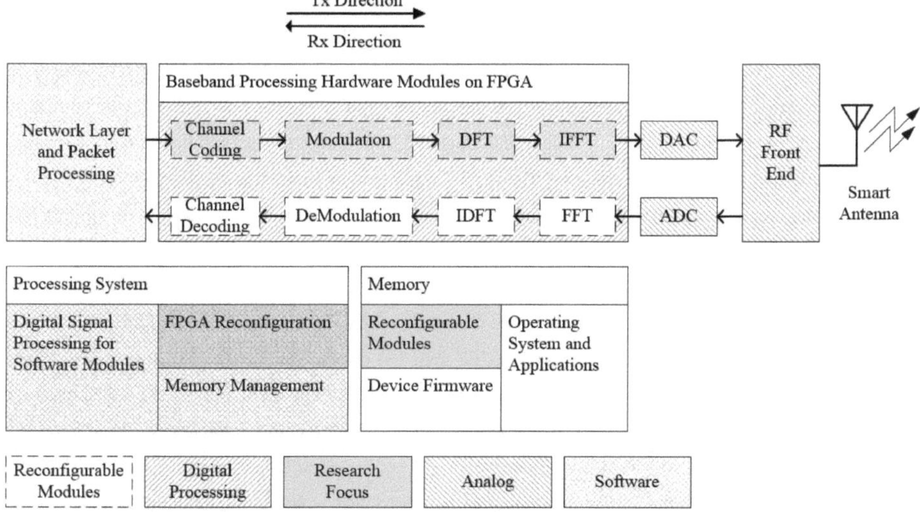

Figura 4.6: Sistema completo

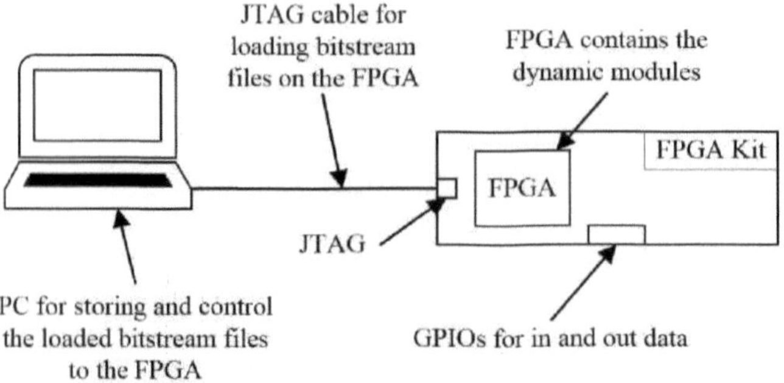

Figura 4.7: Configuração do laboratório da cadeia SDR

4.4 Configuração do laboratório

A configuração do laboratório é mostrada na Figura 4.7 e consiste em

PC: É o responsável pela gestão dos ficheiros bitstream de reconfiguração que estão armazenados na sua unidade de disco rígido (HDD). Nesta configuração do modo de ligação, a reconfiguração é efectuada através do Jtag.

Kit FPGA: O kit tem a FPGA Virtex-5-XC5VLX110T, mais pormenores sobre esta FPGA são discutidos em 2. Os códigos VHDL para os diferentes blocos de comunicação são implementados nesta FPGA.

4.5 Resultados do sistema

A presente secção apresenta os resultados da cadeia SDR utilizando o DPR, designada por Single-Loaded Module (SLM), em termos de área, memória, consumo de energia estimado e tempo de sobrecarga, em comparação com o General Communication System Module (GCSM), em que existem três normas de comunicação simples em simultâneo. Na conceção do SLM, há 12 casos de ensaio que podem abranger a conceção implementada, que é mostrada nas figuras 4.2 e 4.3 para as diferentes combinações por norma de comunicação enumeradas no quadro 4.1. São escolhidas três execuções de projeto para cobrir um modo de funcionamento nas diferentes normas de comunicação. A primeira execução de projeto é para a norma de comunicação 3G com um codificador convolucional de taxa média, modulação BPSK. A segunda execução de projeto é para o WIFI com um codificador convolucional de taxa média, modulação QPSK e IFFT de 64 pontos. A terceira execução de projeto é para o LTE com um codificador convolucional de terceira taxa, modulação 16-QAM, DFT de 64 pontos e IFFT de 256 pontos. As execuções de projeto são apresentadas na tabela 4.2. A planta baixa das três execuções de projeto DR_1, DR_2 e DR_3 é apresentada nas figuras 4.8, 4.9 e 4.10, respetivamente. No GSCM, as execuções de projeto escolhidas na tabela 4.2 do SLM são implementadas por simplicidade, enquanto no mundo real cada norma de comunicação deve ser implementada com todos os seus blocos. O projeto do GSCM e a sua planta baixa são apresentados nas figuras 4.11 e 4.12, respetivamente.

Tabela 4.1: Lista de execuções do projeto SLM

Execução do projeto	Padrão	Codificador	Modulação	DFT	IFFT
DR_1	3G	3G_metade	BPSK	Enchimento	Enchimento
	3G	3G_metade	QPSK	Enchimento	Enchimento
	3G	3G_metade	16-QAM	Enchimento	Enchimento
	3G	3G_terceiro	BPSK	Enchimento	Enchimento
	3G	3G_terceiro	QPSK	Enchimento	Enchimento
	3G	3G_terceiro	16-QAM	Enchimento	Enchimento
	WIFI	WIFI_metade	BPSK	Enchimento	64-IFFT
DR_2	WIFI	WIFI_metade	QPSK	Enchimento	64-IFFT
	WIFI	WIFI_metade	16-QAM	Enchimento	64-IFFT
	LTE	LTE_terceiro	BPSK	64-DFT	256-IFFT
	LTE	LTE_terceiro	QPSK	64-DFT	256-IFFT
DR_3	LTE	LTE_terceiro	16-QAM	64-DFT	256-IFFT

Quadro 4.2: Execuções de projeto seleccionadas do SLM

Execução do projeto	Padrão	Codificador	Modulação	DFT	IFFT
DR_1	3G	3G_metade	BPSK	Enchimento	Enchimento
DR_2	WIFI	WIFI_metade	QPSK	Enchimento	64-IFFT
DR_3	LTE	LTE_terceiro	16-QAM	64-DFT	256-IFFT

4.5.1 Área ocupada na FPGA

A Tabela 4.3 resume a implementação do sistema SLM mostrado nas figuras 4.2 e 4.3. Ela mostra o número de LUTs usadas por cada bloco, a utilização na partição planejada e o tamanho dos arquivos de bitstream gerados. O módulo de codificação de canais é planeado em 64 LUTs na FPGA, sendo que o número de LUTs adquiridas difere de desenho para desenho, ou seja, o codificador convolucional 3G com taxa de metade adquire 3 LUTs das 64 LUTs, com uma utilização de 5% e o mesmo para os outros blocos. As LUTs planeadas devem ser suficientemente grandes para suportar a implementação do maior módulo, que é o codificador convolucional 3G com a terceira taxa no caso dos codificadores convolucionais. O tamanho do ficheiro gerado de 12,3 KB para o bloco de codificação de canais depende do número de LUTs planeadas no chão e não das LUTs adquiridas. As 64 LUTs planificadas geram um ficheiro de 12,3 KB no bloco de codificação do canal e no bloco de modulação, enquanto as 5520 LUTs planificadas da DFT geram um ficheiro de 350 KB e as 2808 LUTs planificadas da IFFT geram um ficheiro de 210 KB. Embora o bloco de enchimento não adquira LUTs físicas, mas o ficheiro gerado de acordo com as LUTs planeadas no chão, por outro lado, o bloco de enchimento não consome energia, uma vez que não são adquiridas LUTs.

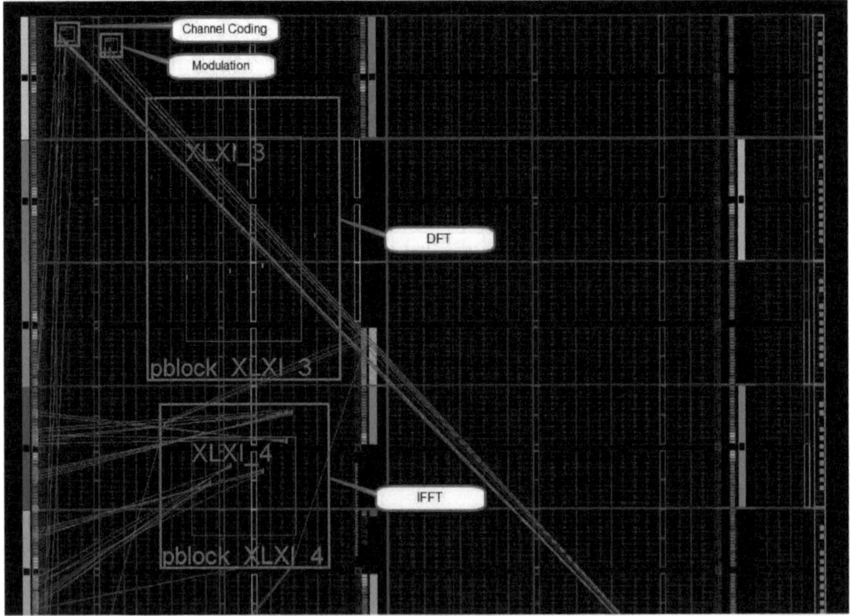

Figura 4.8: DR_1 para módulos 3G carregados na cadeia SDR

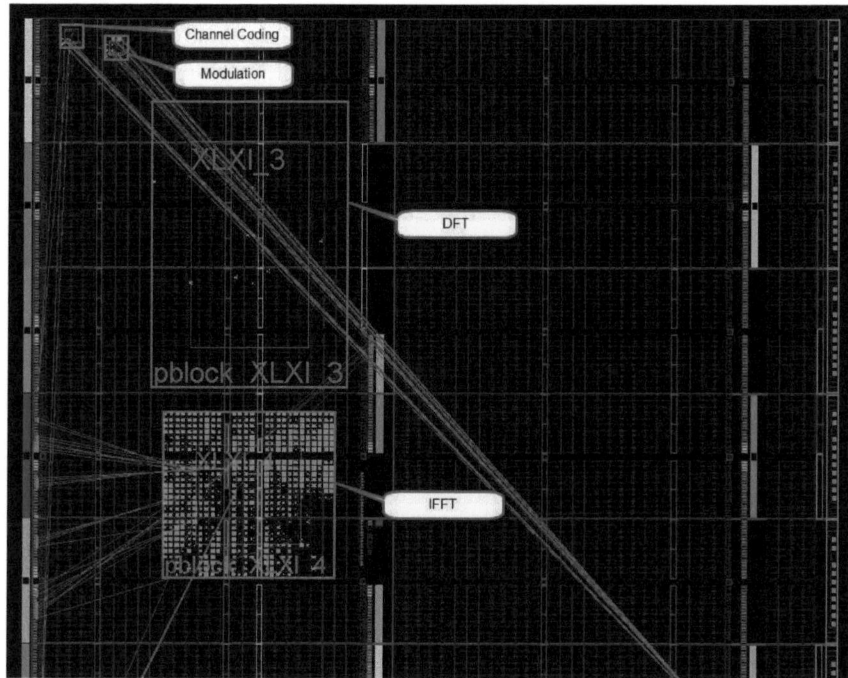

Figura 4.9: DR_2 para módulos WIFI carregados na cadeia SDR

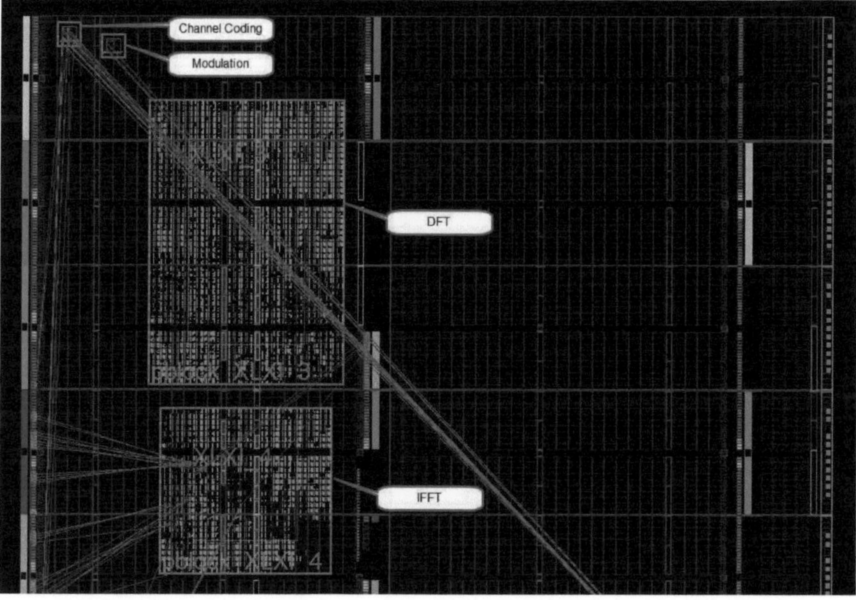

Figura 4.10: DR_3 para módulos LTE carregados na cadeia SDR

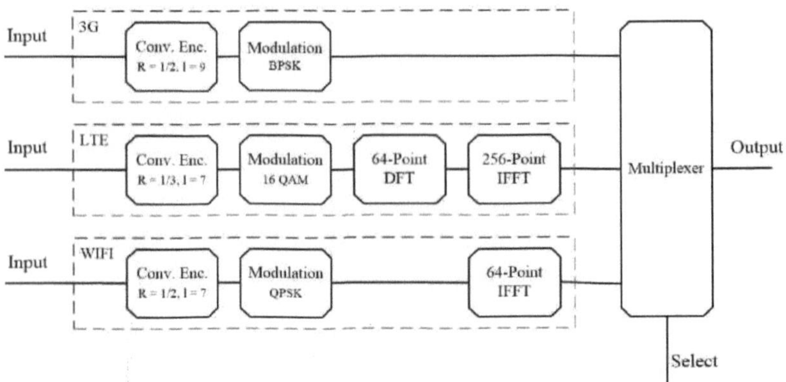

Figura 4.11: Conceção do GSCM

Tabela 4.3: Resumo da área de projeto

Tipo de bloco	Definição de bloco	Número de LUTs	LUTs planeadas no chão	Utilização (%)	Tamanho (KB)
Codificação de canais	3G Convo 1/2	3	64	5	12.3
	3G Convo 1/3	11	64	18	12.3
	4G Convo 1/3	9	64	15	12.3
	WIFI Convo 1/2	2	64	4	12.3
Modulação	BPSK	3	64	5	12.3
	QPSK	4	64	7	12.3
	16-QAM	9	64	15	12.3
DFT	DFT de 64 pontos	4674	5520	85	350
	Enchimento	0	5520	0	350
IFFT	IFFT de 64 pontos	1811	2808	65	210
	IFFT de 256 pontos	1871	2808	67	210
	Enchimento	0	2808	0	210

O uso do DPR na cadeia SDR diminui o número de LUTs físicas usadas na FPGA. A Tabela 4.4 resume a área consumida nas três execuções de projeto selecionadas usando DPR versus a implementação geral da cadeia SDR GCSM. Ao usar o DPR, como apenas os blocos usados são carregados, o número máximo de LUTs no caso da execução de projeto LTE (DR_3) é de 6563 LUTs, enquanto o mínimo no caso 3G (DR_1) é de 6 LUTs. No projeto GCSM sem utilização de DPR, o número de LUTs consumidas é de 6620 LUTs após a otimização da ferramenta XST para os blocos de comunicação seleccionados por cada norma apresentada em 4.11, em que todos os blocos existem na FPGA ao mesmo tempo. O que significa que o mínimo de

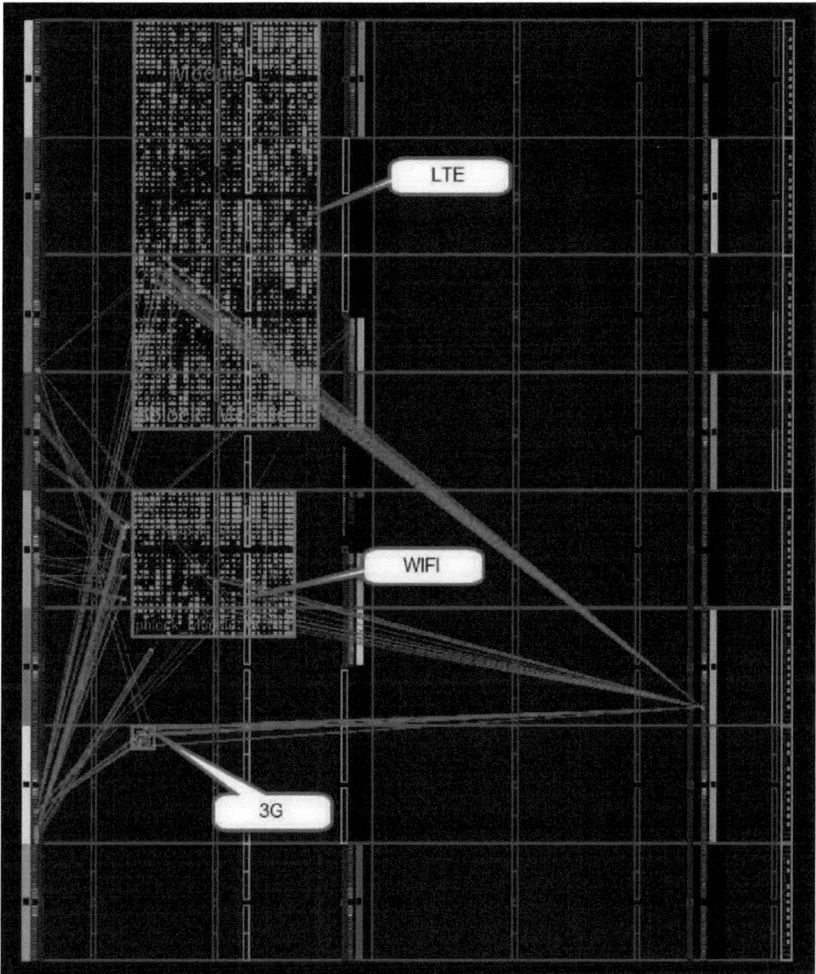

Figura 4.12: Planta baixa do GCSM

A área de conceção no GCSM excede a área máxima na conceção SLM. O valor de 6620 LUTs no GCSM aumenta quando todos os outros blocos de comunicação são implementados para as diferentes normas. Na conceção SLM, os novos módulos são acrescentados separadamente, sem afetar o número de LUT utilizadas pelo sistema.

Tabela 4.4: Número de LUTs utilizadas por execução de projeto versus projeto geral

Execução do projeto	Padrão	N.º de LUTs
DR_1	3G - padrão	6
DR_2	WIFI - padrão	1817
DR_3	LTE - padrão	6563
GCSM	Apresentado na figura 4.11	6620

4.5.2 Memória necessária

No projeto SLM, o tamanho da cadeia de configuração inicial é de 3,8 MB, o que corresponde à parte estática da FPGA e às regiões RP, tendo em conta que existe um bloco de comunicação inicial carregado na FPGA correspondente a cada região RP. Como mostra a tabela 4.3, a memória necessária para o projeto SLM é de 5,2 MB, que é igual ao tamanho da cadeia de configuração inicial e ao tamanho de cada imagem para todos os blocos de comunicação. Na conceção GCSM, o tamanho do ficheiro de fluxo de bits é igual a 3,8 MB. A Tabela 4.5 mostra o resumo da memória necessária para ambos os projetos.

Memória necessária para o projeto SLM = Tamanho da cadeia configurada inicial + soma (Número de blocos de comunicação x Tamanho do RM por bloco) = 3,8 MB + 1,4 MB = 5,2 MB

Tabela 4.5: Memória necessária para SLM e GCSM

SLM	GCSM
Tamanho do ficheiro do fluxo de bits da configuração inicial = 3,8 MB Tamanhos de ficheiro do fluxo de bits reconfigurável = 1,4 MB	Configuração do fluxo de bits Tamanho do ficheiro = 3,8 MB
Tamanho total = 5,2 MB	Tamanho total = 3,8 MB

4.5.3 Estimativa de potência

O uso do DPR na cadeia SDR diminui o número de LUTs físicas usadas na FPGA quando comparado ao GCSM, consequentemente, a potência consumida diminui. A Tabela 4.6 mostra a potência consumida nos projetos SLM e GCSM. No projeto SLM, a potência máxima consumida na lógica da FPGA ocorre quando o projeto LTE (DR_3) é carregado, enquanto a potência mínima consumida na lógica da FPGA ocorre no projeto 3G (DR_1). Onde no projeto GSCM, a potência consumida do sistema de comunicação mostrado em 4.11 é de 171 mW, onde este valor aumenta quando os demais blocos de comunicação, para cada padrão, são implementados. O que significa que a potência consumida no projeto mínimo para o GCSM excede a potência máxima consumida no projeto SLM. A potência consumida nas portas lógicas é estimada utilizando a ferramenta Xilinx Power Analyzer (XPA).

Tabela 4.6: Potência consumida na cadeia SDR

Execução do projeto	Padrão	Potência lógica consumida
DR_1	3G - padrão	0,24 mW
DR_2	WIFI - padrão	42,49 mW
DR_3	LTE - padrão	128,8 mW
GCSM	Apresentado na figura 4.11	171,47 mW

4.5.4 Tempo de sobrecarga

Na conceção SLM, o tempo de reconfiguração é o tempo necessário para reconfigurar um bloco de comunicação na cadeia SDR. O tempo máximo de reconfiguração teórico (MTRT) é igual à soma de todos os tempos de reconfiguração necessários se todos os blocos estiverem a ser reconfigurados. O atraso máximo dos dados a serem processados através da cadeia, desde o ponto de entrada até serem dados válidos na saída, é igual ao MTRT, para além do tempo de processamento por cada bloco. No GCSM, não há qualquer sobrecarga de tempo adicionada após a configuração inicial, porque todos os blocos de comunicação normalizados existem no chip. O rendimento máximo do JTAG é apresentado na tabela 2.1.

MTRT em SLM = Soma dos tamanhos dos blocos / taxa de transferência do modo de configuração usando JTAG = (12,3 + 12,3 + 350 + 210) KB / 8,25 MBps = 70,86 ms

4.6 Conclusão

A generalização do conceito de DPR nos diferentes blocos de sistemas de comunicação conduz a uma conceção compacta em termos de dimensão e potência, com uma pequena sobrecarga de memória e de tempo. Só o sistema necessário será carregado, enquanto os outros são armazenados na memória externa. Enquanto a implementação completa do sistema consome mais energia e área sem qualquer memória adicional e sobrecarga de tempo.

Capítulo 5

Conclusão e sugestões para trabalhos futuros

O objetivo deste trabalho é conceber, simular e implementar um sistema DPR para SDR em FPGAs. Este objetivo é atingido através da investigação e modelização em duas etapas diferentes. O primeiro passo é a implementação do sistema DPR para codificadores convolucionais usados em diferentes padrões de comunicação 2G, 3G, LTE e WIFI. Inicialmente, os codificadores convolucionais não existem no chip, mas são armazenados numa memória externa e carregados a pedido. Este projeto de DPR para o codificador convolucional é comparado com o sistema de codificador convolucional convencional, em que todos os codificadores existem no mesmo chip. São comparados em termos de área, potência, latência e memória. O processador Softcore MicroBlaze é utilizado com diferentes frequências para mostrar os diferentes aspectos do trabalho. Os resultados mostram que a implementação DPR consome menos energia e área quando comparada com o projeto normal. Por outro lado, o projeto normal tem menos memória e latência. Com a melhoria contínua da memória, não será um problema armazenar ficheiros de Kbits numa memória de Gbits. Os ficheiros de reconfiguração podem ser armazenados num servidor externo e carregados através da rede enquanto se efectua a transferência entre diferentes sistemas de comunicação. Por outro lado, o tempo de reconfiguração pode ser mantido durante o tempo necessário para efetuar a transferência entre duas normas de comunicação diferentes.

Na segunda parte deste trabalho, cadeias de comunicação ideais para 3G, LTE e WIFI são implementadas usando a técnica DPR, onde a troca ocorre entre diferentes blocos para codificadores implementados, modulação, FFT e DFT usados nesses padrões. Isto produz um sistema reconfigurável que pode adaptar-se a diferentes padrões de comunicação. A utilização de DPR mostra uma melhoria na área e no consumo de energia com menos memória extra e latência quando comparada com a implementação estática normal.

Em conclusão, o DPR é uma forma flexível e eficiente de realizar SDR num sistema de rádio cognitivo. A implementação de uma biblioteca de diferentes esquemas de codificação e modulação, bem como de DFT e IFFT com diferentes tamanhos e a comutação entre eles, reduz a complexidade do sistema e torna-o prático e atualizável em tempo real. Estes projectos de ambas as partes são implementados no kit XUPV5-LX110T da Xilinx FPGA.

5.1 Sugestões para trabalhos futuros

1. Simplificar a cadeia do sistema de comunicação e generalizar o conceito de DPR para outros blocos.

2. Escolher os valores óptimos para a potência, o tempo de reconfiguração e a frequência na conceção do DPR.

3. Como obter mais benefícios utilizando o DPR na difusão em diferentes canais de comunicação.

4. Gerar mais bibliotecas de blocos de comunicação a carregar.

5. Aumentar o número de normas que utilizam o DPR, pode ser acrescentado o WIMAX.

6. Aplicar o mesmo conceito às normas de comunicação de baixo consumo de energia, como a 802.15.4, ZigBee e Bluetooth.

7. Isto ajudaria na transferência entre sistemas celulares e sistemas fixos sem fios, como o WIFI, não só a nível da rede mas também a nível do hardware.

Lista de publicações

Publicado:

[1] A. Sadek, H. Mostafa, e A. Nassar, "On the use of Dynamic Partial Reconfiguration for MultiBand/MultiStandard Software Defined Radio," na *Conferência Internacional sobre Eletrónica, Circuitos e Sistemas (ICECS)*, (Cairo, Egipto), pp. 498-499, IEEE, 2015.

[2] A. Sadek, H. Mostafa, e A. Nassar, "Dynamic channel coding reconfiguration in software defined radio," in *International Conference on Microelectronics (ICM)*, (Casablanca, Marrocos), pp. 13-16, IEEE, 2015.

[3] A. Sadek, H. Mostafa, A. Nassar, e Y. Ismail, "Towards the implementation of multi-band multi-standard software-defined radio using dynamic partial reconfiguration," *International Journal of Communication Systems*, pp. 1-12. e3342 IJCS-16-0762.R1.

Referências

[1] I. F. Akyildiz, W.-Y. Lee, M. C. Vuran e S. Mohanty, "NeXt generation/dynamic spectrum access/cognitive radio wireless networks: a survey", *Computer Networks*, vol. 50, pp. 2127-2159, 2006.

[2] T. Yücek e H. Arslan, "A survey of spectrum sensing algorithms for cognitive radio applications," *Communications Surveys & Tutorials, IEEE*, vol. 11, pp. 116-130, 2009.

[3] A. A. Bletsas, *Partilha inteligente de antenas em redes sem fios com diversidade cooperativa*. Tese de doutoramento, Citeseer, 2005.

[4] J. Mitola III e G. Q. Maguire Jr, "Cognitive radio: making software radios more personal", *Personal Communications, IEEE*, vol. 6, pp. 13-18, 1999.

[5] J. Mitola, "Cognitive Radio-An Integrated Agent Architecture for Software Defined Radio", 2000.

[6] D. Koch, *Reconfiguração parcial em FPGAs: Architectures, Tools and Applications*, vol. 153. Springer Science & Business Media, 2012.

[7] K. Arun Kumar, "A low power implementation of psk modems in fpga with reconfigurable filter and digital nco using pr for sdr and cr applications," in *International Conference on Green Technologies (ICGT)*, pp. 192-197, IEEE, 2012.

[8] K. Arun Kumar, "Fpga implementation of psk modems using partial re-configuration for sdr and cr applications," in *India Conference (INDICON), 2012 Annual IEEE*, pp. 205-209, IEEE, 2012.

[9] K. Arun Kumar, "Fpga implementation of qam modems using pr for reconfigurable wireless radios," in *Emerging Research Areas and 2013 International Conference on Microelectronics, Communications and Renewable Energy (AICERA/ICMiCR), 2013 Annual International Conference on*, pp. 1-6, IEEE, 2013.

[10] M. Hentati, A. Nafkha, X. Zhang, P. Leray, J. F. Nezan e M. Abid, "The study of the impact of architecture design on cognitive radio," in *Proceedings of the 8th IEEE International Multi-Conference on Systems, Signals & Devices (SSD)*, p. CD, 2011.

[11] T. Janevski, *Traffic analysis and design of wireless IP networks (Análise de tráfego e projeto de redes IP sem fios)*. Artech House, 2003.

[12] A. Balasubramanian, R. Mahajan e A. Venkataramani, "Augmenting mobile 3g using wifi", em *Actas da 8.ª conferência internacional sobre sistemas, aplicações e serviços móveis,* pp. 209-222, ACM, 2010.

[13] K. Lee, J. Lee, Y. Yi, I. Rhee e S. Chong, "Mobile data offloading: how much can wifi deliver?", em *Proceedings of the 6th International COnference*, p. 26, ACM, 2010.

[14] I. Kuon, R. Tessier, e J. Rose, "Fpga architecture: Survey and challenges," *Foundations and Trends in Electronic Design Automation*, vol. 2, no. 2, pp. 135-253, 2008.

[15] G. Estrin, "Organization of computer systems: the fixed plus variable structure computer", em *Papers*

presented at the May 3-5, 1960, western joint IRE-AIEE-ACM computer conference, pp. 33-40, ACM, 1960.

[16] G. Estrin, "Reconfigurable computer origins: the ucla fixed-plus-variable (f+ v) structure computer", *IEEE Annals of the History of Computing*, no. 4, pp. 3-9, 2002.

[17] H. Harada, Y. KAMIO, e M. FUJISE, "Multimode software radio system by parameter controlled and telecommunication component block embedded digital signal processing hardware," *IEICE transactions on communications*, vol. 83, no. 6, pp. 1217-1228, 2000.

[18] X. , Inc., "Xilinx partial reconfiguration training," *http://www.xilinx.com/support/ university/ise/ise-workshops/ise-partial-reconfiguration-flow.html*, 2014.

[19] X. , Inc., "Xilinx ug191 virtex-5 fpga configuration user guide (v3.11)," outubro de 2012.

[20] E. Eto, "Xilinx xapp290 difference-based partial reconfiguration (v2.0)," vol. 3, dezembro de 2007.

[21] X. , Inc., "Xilinx ug702 partial reconfiguration user guide (v14.5)," abril de 2013.

[22] S. Kelem, "Xilinx xapp151 virtex series configuration architecture user guide (v1.7)", outubro de 2004.

[23] P. Sedcole, B. Blodget, T. Becker, J. Anderson e P. Lysaght, "Modular dynamic reconfiguration in virtex fpgas", em *Computers and Digital Techniques, IEEE Proceedings-*, vol. 153, pp. 157-164, IET, 2006.

[24] P. Sedcole, B. Blodget, J. Anderson, P. Lysaghi e T. Becker, "Modular partial reconfigurable in virtex fpgas", em *Field Programmable Logic and Applications, 2005. Conferência Internacional sobre*, pp. 211-216, IEEE, 2005.

[25] D. Dye, "Xilinx wp374 partial reconfiguration of xilinx fpgas using ISE design suite(v1.2)," maio de 2012.

[26] S. Teig, "Going beyond the fpga with spacetime", em *FPL2012 Keynote Oslo, Noruega*, agosto de 2012.

[27] X. , Inc., "Xilinx ug190 virtex-5 fpga user guide (v5.4)," março de 2012.

[28] X. , Inc., "Xilinx ug081 microblaze processor reference guide (v17.7)," 2013.

[29] D. Lim e M. Peattie, "Xilinx xapp290 dois fluxos para reconfiguração parcial: Manipulações baseadas em módulos ou em pequenos bits (v1.0)", 2002.

[30] D. Koch, C. Beckhoff, e J. Torresen, "Zero logic overhead integration of partially reconfigurable modules," in *Proceedings of the 23rd symposium on Integrated circuits and system design,* pp. 103-108, ACM, 2010.

[31] "Sistema de telecomunicações celulares digitais (Fase 2+); Codificação de canais", *3GPP TS 45.003 versão 12.1.0 Release 12.*

[32] "Sistema Universal de Telecomunicações Móveis (UMTS); Multiplexagem e codificação de canais (FDD)", *3GPP TS 25.212 versão 12.0.0 Release 12.*

[33] "LTE; Acesso Rádio Terrestre Universal Evoluído (E-UTRA); Multiplexagem e codificação de canais", *3GPP TS 36.212 versão 12.2.0 Release 12.*

[34] "Wireless LAN Medium Access Control (MAC) and Physical Layer (PHY) specifications", *IEEE Computer Society LAN MAN Standards Committee e outros.*

[35] "Sistema de telecomunicações celulares digitais (Fase 2+); Camada física no percurso de rádio; Descrição geral", *3GPP TS 45.001 versão 12.1.0 Release 12.*

[36] "Sistema de telecomunicações celulares digitais (Fase 2+); Multiplexagem e acesso múltiplo no percurso de rádio", *3GPP TS 45.002 versão 12.4.0 Release 12.*

[37] "Sistema de telecomunicações celulares digitais (Fase 2+); Modulação", *3GPP TS 45.004 versão 12.0.0 Release 12.*

[38] "Sistema Universal de Telecomunicações Móveis (UMTS); Camada física - descrição geral", *3GPP TS 25.201 versão 12.0.0 Release 12.*

[39] "Universal Mobile Telecommunications System (UMTS); Physical channels and mapping of transport channels onto physical channels (FDD)", *3GPP TS 25.211 versão 12.1.0 Release 12.*

[40] "Sistema Universal de Telecomunicações Móveis (UMTS); Espalhamento e modulação (FDD)", *3GPP TS 25.213 versão 12.0.0 Release 12.*

[41] "LTE; Acesso Rádio Terrestre Universal Evoluído (E-UTRA); Transmissão e Receção Rádio do Equipamento do Utilizador (UE)", *3GPP TS 36.101 versão 12.9.0 Release 12.*

[42] "LTE; Acesso Rádio Terrestre Universal Evoluído (E-UTRA); Camada física LTE; Descrição geral", *3GPP TS 36.201 versão 12.0.0 Release 12.*

[43] "LTE; Acesso Rádio Terrestre Universal Evoluído (E-UTRA); Canais físicos e modulação", *3GPP TS 36.211 versão 12.5.0 Release 12.*

[44] "LTE; Acesso Rádio Terrestre Universal Evoluído (E-UTRA); Procedimentos da camada física", *3GPP TS 36.213 versão 12.5.0 Release 12.*

Apêndice A

Fluxo de design Xilinx

A.1 Fluxo de conceção

Os FPGA são circuitos integrados (IC) que são programados utilizando linguagens de descrição do hardware (HDL), como VHDL e Verilog. Estas linguagens são consideradas uma descrição exacta dos circuitos lógicos e das suas ligações. As ferramentas de conceção assistida por computador (CAD) são as ferramentas que um engenheiro utiliza para desenvolver a HDL, traduzir, verificar, sintetizar, simular e programar a FPGA. Recentemente, a ferramenta de síntese de alto nível (HLS) é utilizada no desenvolvimento da FPGA. Esta nova ferramenta permite que os engenheiros de software desenvolvam FPGA sem a necessidade de se debruçarem sobre o fabrico de FPGA e a sincronização ao nível do relógio. A HLS é desenvolvida utilizando linguagens de software como C/C++.

A.1.1 Fluxo de conceção da FPGA

A figura A.1 descreve o fluxo básico de conceção da FPGA:

Entrada no projeto: descrever os requisitos do sistema em linguagem HDL, como VHDL e Verilog. Esta linguagem HDL representa o nível de transferência de registos (RTL) do circuito, que é uma representação de alto nível das ligações e blocos utilizados no circuito.

Simulação funcional: executar o código HDL escrito para garantir que a saída é a mesma que a requerida, não sendo efectuados cálculos de temporização ou atraso nesta fase.

Síntese: converte o código projetado (RTL) em portas lógicas e numa lista de rede que descreve as ligações das redes geradas entre as portas lógicas.

Place and Rout: ou, por outras palavras, onde é que a lista de rede gerada será colocada e como é feito o encaminhamento no tecido da FPGA entre as diferentes LUTs.

Simulação de temporização: esta fase trata dos atrasos devidos ao encaminhamento dos fios, às portas lógicas e às restrições de temporização.

Geração do fluxo de bits: após a conclusão do desenho, é gerado o ficheiro de fluxo de bits que será implementado no chip da FPGA. O formato do fluxo de bits e a forma como este configura a FPGA é uma propriedade dos fornecedores de FPGA.

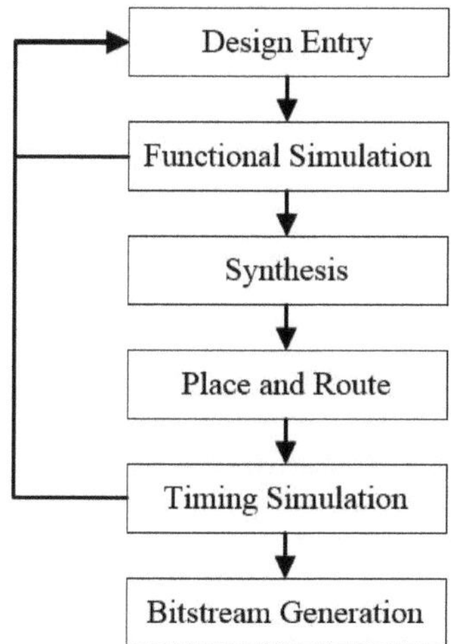

Figura A.1: Fluxo de projeto FPGA

A.1.2 Fato ISE para desenvolvimento de FPGA Xilinx

As ferramentas CAD são utilizadas para implementar e simular o design eletrónico. O ambiente de síntese integrado (ISE) é uma ferramenta CAD fornecida pela Xilinx para facilitar o manuseamento das FPGA da Xilinx. A figura A.2 apresenta uma panorâmica das principais ferramentas do ISE e do modo como são mapeadas para o fluxo geral de projeto de FPGA. Note-se que a última versão do ISE é a 14.7, a Xilinx descontinuou esta família de ferramentas e actualizou-as para um novo conjunto de ferramentas denominado Vivado. O Vivado é um software baseado no PlanAhead, que utiliza a interface do PlanAhead, uma ferramenta nova e poderosa, mas que não será abordada no contexto deste trabalho, uma vez que suporta apenas a série 7 da Xilinx até ao momento da redação deste trabalho.

Ambiente de síntese integrado (ISE): É uma ferramenta de design que controla o fluxo de design da Xilinx, facilita o acesso aos arquivos de implementação do design através dos arquivos principais do projeto. Permite a entrada no projeto através da adição de códigos VHDL/Verilog ou esquemas, sintetizar o projeto através do acesso à ferramenta de síntese Xilinx (XST), efetuar a simulação funcional e a análise de temporização utilizando o ISim e desenhar diagramas RTL.

PlanAhead: Esta ferramenta permite trabalhar de forma mais precisa com os recursos da FPGA. Ajuda na colocação e encaminhamento do projeto, na atribuição de pinos, no refinamento das restrições de temporização, na seleção de CLBs e muito mais. Também ajuda a particionar o design, o design hierárquico e dá acesso ao fluxo de design de Reconfiguração Parcial (PR). Integra-se praticamente com todas as ferramentas Xilinx, razão pela qual se tornou a interface de base para a nova ferramenta Vivado.

Kit de desenvolvimento incorporado (EDK): O EDK ajuda o engenheiro a conceber, depurar e verificar todo um projeto incorporado. Os dois componentes principais das ferramentas EDK são o Xilinx Platform Studio (XPS) e o Software Development Kit (SDK).

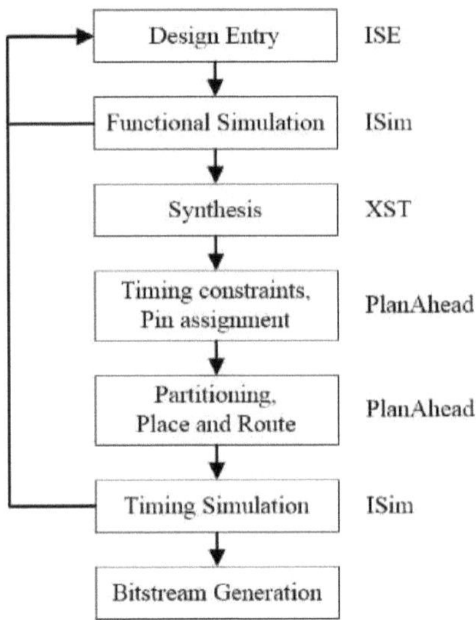

Figura A.2: Fluxo de conceção de FPGA da Xilinx

Xilinx Platform Studio (XPS): é uma plataforma gráfica para adicionar processadores hardcore, processadores softcore e diferentes IPs ao projeto. É uma ferramenta poderosa incluída no Embedded Development Kit (EDK) para conceber sistemas incorporados. Ajuda o engenheiro a construir, ligar e configurar sistemas baseados em processadores incorporados.

Kit de desenvolvimento de software (SDK): É um ambiente de conceção de software baseado no eclipse, que inclui o compilador GNU C/C++ e o depurador. Após o desenvolvimento do software, o utilitário Data2MEM é utilizado para carregar e atualizar o fluxo de bits com o software desenvolvido.

A.1.3 Fluxo de projeto de DPR da Xilinx

A figura A.3 simplifica o fluxo de DPR da Xilinx tanto na conceção normal como na conceção integrada, em que a conceção integrada é considerada uma conceção normal com funcionalidade alargada do sistema em circuito integrado (SoC) em que o microprocessador interno controla a reconfiguração dos módulos reconfiguráveis. No sistema DPR da Xilinx, os módulos de hardware que são parcialmente reconfiguráveis são designados por módulos parcialmente reconfiguráveis (PRM), podendo ser reconfigurados em tempo real durante o funcionamento do sistema. A região onde um módulo PRM é configurado é designada por Região Parcialmente Reconfigurável (PRR), enquanto a outra região é designada por Região Estática, que conterá o módulo de topo e as interfaces relacionadas com a PRR. Um arquivo de fluxo de bits que contém os dados de configuração do PRM é chamado de fluxo de bits parcial (PBS). O Xilinx ISE Project Navigator gerencia os diferentes módulos no projeto do DPR, onde o módulo superior e os PRMs são projetados em Verilog HDL ou VHDL e são sintetizados em um arquivo de netlist usando o Xilinx XST. No módulo superior, os PRMs são definidos apenas como uma interface externa e projetados como módulos de caixa preta sem lógica interna. A lógica interna será definida nos arquivos dos PRMs como um projeto separado.

Para o DPR em sistemas incorporados, a interface externa entre o PRR e o sistema incorporado é desenvolvida através do XPS e do SDK da Xilinx. Utilizando o XPS é adicionado um processador embebido, como o MicroBlaze ou o PowerPC, e outros IPs necessários, como o UART. No processo XPS, são concebidos os IPs do utilizador e a sua interface com o controlador reconfigurável (processador como o MicroBlaze). Utilizando o SDK, é implementado um programa C que corre no processador incorporado. O programa é compilado por compiladores dedicados para um ficheiro ELF (Executable and Linkable Format).

A ferramenta PlanAhead da Xilinx é uma ferramenta de design para todo o ciclo de design e implementação de FPGA. Está integrada com o Xilinx ISE e EDK, o que facilita a exportação de projectos destes ambientes para a ferramenta PlanAhead para concluir a implementação. É a parte principal para aplicar o conceito de DPR através do seu fluxo, este fluxo é o mesmo para o projeto de DPR normal e para o projeto de DPR incorporado.

No fluxo de projeto PlanAhead, o PRR é definido utilizando a ferramenta. Em seguida, são planeadas execuções de projeto para as diferentes configurações. Estas execuções de projeto são verificadas umas em relação às outras para garantir que as interfaces são compatíveis quando ocorre a comutação. Para cada execução de projeto, é gerado um ficheiro de fluxo de bits para o projeto completo, que inclui o módulo superior e a parte estática, bem como os ficheiros de fluxo de bits parciais que contêm o PRM.

No DPR incorporado, o ficheiro de fluxo de bits gerado do projeto completo e o ficheiro ELF gerado são montados utilizando a ferramenta Data2MEM num ficheiro de fluxo de bits para inicializar a FPGA.

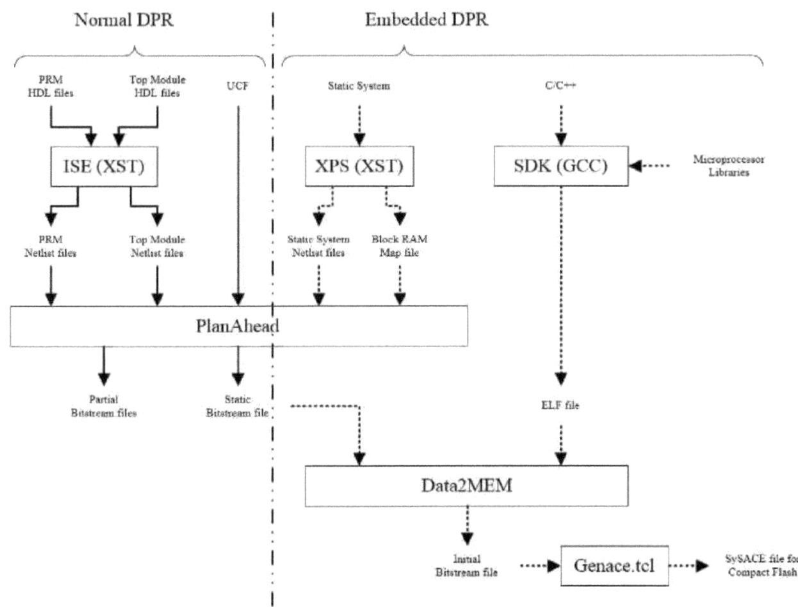

Figura A.3: Fluxo de projeto de DPR da Xilinx

Printed by Books on Demand GmbH, Norderstedt / Germany